대한민국 여행
컬러 콘텐츠

대한민국 여행 킬러 콘텐츠

발 행 | 2023년 7월 21일
저 자 | 알멋 정기조
펴낸이 | 한건희
펴낸곳 | 주식회사 부크크
출판사등록 | 2014.07.15.(제2014-16호)
주 소 | 서울특별시 금천구 가산디지털1로 119 SK트윈타워 A동 305호
전 화 | 1670-8316
이메일 | info@bookk.co.kr

ISBN | 979-11-410-3673-7

www.bookk.co.kr

대한민국 여행 킬러 콘텐츠

알멋 정기조 지음

CONTENT

머리말

'국내에는 볼 게 없다'... 이 생각에서 출발했습니다.

단 하나의 명소, 단 하나의 맛집이
여행자들의 발끝을 이끄는 법입니다.
우리나라에도 이런 '**여행 킬러 콘텐츠**'들이 많아졌으면 하는 생각에서,
내국인과 외국인 모두에게 어필할 만한
'킬러'들 14곳을 골라 봤습니다.

내국인들에게는 뻔한 느낌이 들지 않는 곳으로,
외국인들에게는 한국의 고유한 문화유산을
맛볼 수 있는 곳으로 정했습니다.
그래서 이 킬러들은 각각 한국적인 특징들을 가지고 있습니다.

주말에 방구석에 앉아 있는 꼴을 못 보시는 분,
아이들과 여러 추억을 만드는 게 중요하다고 생각하시는 분,
뻔한 코스가 아닌 진짜 K-여행을 하고 싶은 외국인 분,
이런 분들께 감히 추천의 말씀을 드립니다.

제1화 序, 한국엔 왜 볼 게 없을까?

* 전국에 이렇게 핑크뮬리 깔아놓은 곳이 몇 곳이나 될까요?

매년 17조 원씩 외국에 '갖다 바친다'

코로나 이전인 2017~2019년에 우리나라 국민들은 외국 여행에 매년 거의 300억 달러씩 썼습니다. 환율 1,100원/$ 을 적용하면 매년 32.5조 원에 해당합니다. 2019년에 우리나라는 394억 달러 어치의 자동차를 수출했는데, 이의 3/4에 해당하는 돈을 해외여행으로 쏟아부은 셈입니다.

반면 외국인들의 한국 여행 씀씀이는 이에 크게 못 미칩니다. 같은 기간(2017~2019) 여행수지를 보면 우리나라는 매년 -155.87억 달러만큼 적자였습니다. 역시 환율 1,100원/$ 을 적용하면 매년 17.1조 원씩 적자입니다. 5,000만 명 인구로 단순 계산하면 전 국민이 인당 34.3만 원씩 외국에 순지출한 셈입니다.

* 2017~2019년 일반여행지급액 : 279.60억 달러(2017), 315.28억 달러(2018), 292.61억 달러(2019)

* 2017~2019년 여행수지 : -183.24억 달러(2017), -165.66억 달러(2018), -118.72억 달러(2019)

물론 우리나라가 국토가 비좁고 수많은 전란으로 대부분의 문화유산들이 소실되었다는 점은 이해하더라도, 대다수의 국민이 '국내에는 볼 게 없다', '차라리 그 돈이면 외국을 가겠다'고 생각하는 결과가 이와 같습니다.

(* 검색해 보니 전국에 이런 스카이워크가 최소 15개 이상 있는 것 같네요. ~~잠깐 걸어가서 사진 한두 컷 찍고 나오는 게 전부인데.~~)

국내 여행지가 잘 안 팔리는 이유

물론 내국인이 국내 여행지에 대해 평가가 박할 수밖에 없긴 합니다. 익숙하기 때문이죠. 서울 시민들이 남산 타워나 63빌딩 등에 전혀 매력을 느끼지 못하는 것과 같은 맥락입니다.

그렇다고 하더라도 국내의 여행 콘텐츠는 정말 빈약하기 그지없습니다. 그 이유를 분석해 보면, 우선 **▲전통 유산에 대한 경시 풍조**가 있습니다. 유럽 같은 경우에는 선대가 만들어 놓은 유산으로 현대인들이 먹고살고 있다고 해도 과언이 아닙니다. 반면 우리는 선대(특히 근대)의 유산을 부수기에 바쁩니다. 가뜩이나 남아 있는 유산도 많지 않은데 말이죠. 특히 우리나라는 짧은 시간에 비약적 발전을 하다 보니 오래된 것들을 불편하게 보는 시선이 더 강합니다.

반면 **▲공간과 콘텐츠 구성에 철학이 없습니다.** 과거를 지우고 새로운 것을 세운다면 여기에 어떤 색깔을 입힐 것인지, 그전에 이렇게 만들어야 하는 이유가 무엇인지 고민할 필요가 있는데 그런 게 전혀 없습니다. 전국에 신도시를 가보면 다 똑같은 모양입니다. 최소 투입에서 최대의 이윤을 보기 위한 공식이 있나 봅니다. 또 전국 여행지에 가면 산책용 데크나 케이블카, 벽화마을, 출렁다리, 스카이워크가 복사판처럼 깔려 있습니다. 하나가 어디에서 히트 치면 전국 곳곳에 똑같은 곳들이 줄줄이 생깁니다. 이 동네에 왜 이게 만들어졌는지는 아무도 설명 못합니다.

▲여행자를 위한 배려도 없습니다. 이곳으로 여행자들이 어떻게 접근할 수 있으며, 어떤 활동을 할 수 있는지, 편의시설은 어떤 게 필요한지 등을 고민한 흔적은 별로 없습니다. 여행지 하나 만들 때에는 공무원들의 성과가 될지 모르겠는데, 일단 만들어 놓으면 사후 관리도 잘 안 됩니다. 막상 가보면 한번 술술 둘러보고 더 이상 할 게 없는 경우가 부지기수입니다.

▲연계 시설이나 편의 시설이 절대적으로 부족한 것도 이유입니다. 보는 곳 따로, 먹는 곳 따로, 자는 곳 따로입니다. 적지 않은 사람들이 찾아옴에도 불구하고 막상 그곳에서는 1원도 쓰지 않고 다른 곳으로 이동하게 되는 여행지가 상당히 많습니다. 사람들의 눈높이가 높아진 탓도 있지만, 근처에 마땅한 밥집이나 숙소가 없어 결국 근처 도시 쪽으로 이동하게 됩니다.

▲비싼 물가와 요금도 중요한 이유입니다. 1박에 수십만 원까지 하는 숙박비, 역시 여섯 자리를 피할 수 없는 기름값·톨게이트비 또는 KTX 등의 이동 비용, 거기에 먹거리 및 각종 입장료·이용료 등을 감안하면, 차라리 외국으로 패키지 다녀오는 게 낫다는 말이 오히려 합리적으로 보이는 게 사실입니다.

▲우리나라 사람들의 일류 지상주의와 조급성도 한몫합니다. 가서 대충 보고 와서는 성에 차지 않습니다. 기왕이면 더 좋은 곳, 더 맛있는 식사, 더 훌륭한 숙소를 찾죠. 적지 않은 돈을 써가며

멀리까지 가는데 만족 못하는 건 낭비라고 생각합니다. 여행 가서도 주요 포인트를 훑듯이 여행합니다. 동네길을 걸어 보거나 시장을 구경하는 등의 여유는 거의 없습니다. 우리 동네에도 길과 시장은 많은데 돈 써서 멀리까지 가서 왜 그걸 보냐 이거죠.

다행히 최근에 K-콘텐츠의 영향으로 국내 여행수입이 빠르게 늘고 있는 상태입니다. 그런데 이렇게 호의적으로 찾아오는 외국인들에게도 사실 우리가 보여줄 만한 게 별로 많지 않다는 게 어찌 보면 부끄럽기까지 합니다.

(* 저는 가끔 이 닭갈비를 먹기 위해 춘천에 가기도 합니다.)

킬러 콘텐츠와 패키지 정보가 필요하다

그럼 외국에는 왜 나가게 될까요. 그저 역마살 같은 본능으로 돌아다니지 않으면 좀이 쑤셔서 그런 것일까요. 그렇지 않을 겁니다. 가서 볼만한 그 무엇인가가 떠오르기 때문 아닐까요.

전 세계적으로 잘 알려진 유럽의 몇몇 국가를 제외하고, 그렇지 않은 대부분은 그저 한두 개 대표적인 게 떠오릅니다. 그게 바로 **킬러 콘텐츠**입니다. '마추픽추(Machu Picchu)' 때문에 페루를 갈 이유가 있고, '히말라야(Himalaya)'의 고봉들 때문에 네팔을 가는 것이며, '앙코르와트(Angkor Wat)' 유적 때문에 캄보디아를 가는 것이겠죠. 이러한 킬러 콘텐츠는 꼭 웅장한 자연이나 유서 깊은 문화 유적만은 아닙니다. 단지 하나의 식당 때문에 그곳을 선택하는 경우도 적지 않습니다.

이후의 글은 이러한 고민과 취지 속에서 써보고자 합니다. 우리나라에도 잘 알려지지 않았지만 대다수 사람들이 만족할 만한 킬러들이 없을까 하는 생각부터입니다.

제2화 계단식 논과 바다, 남해 '다랭이마을'

'독일 마을'을 제치고 남해 제일의 명소로

통영·거제나 여수, 진도 등 남해에 있는 쟁쟁한 유명 여행지들에 비해 남해(군)는 비교적 늦게 알려졌습니다. 그 시작은 바로 독일 마을이었습니다. 과거 파독 간호사나 광부 이런 분들이 모국으로 돌아와 정착하면서 2001년경부터 만들어졌다고 하는데, 이국적인 풍경 때문에 숨은 명소로 알려지기 시작했습니다.

그런데 지금 독일마을에 막상 가보면 별로 할 게 많지 않습니다. 독일이라는 이름답게 독일식 맥주 가게가 많은데, 보통 차를 끌고

가다 보니 운전자는 마실 수 없는 상황이 되어 버립니다. 이를 즐기려면 아예 독일 마을 안에 숙소까지 잡아야 합니다. 그리고 대부분이 가게들이나 펜션을 겸하는 거주집이라 뭘 먹지 않는 이상 들어가기도 그렇습니다. 그래서 보통은 식사를 겸해서 마을 한 바퀴 산책하며 이국적 풍경과 바다를 보는 정도로 여행하게 됩니다.

그래서 그런지 요즘 **남해**의 최고 핫플레이스는 독일 마을이 아니라 아래 소개하는 다랭이마을로 바뀐 모양새입니다.

조상들의 지혜와 의지가 이제는 명승으로

'다랭이'는 '다랑이'의 사투리로, 산골의 비탈진 곳에 계단식으로 있는 논을 말합니다. 원래 강원도 일부나 울릉도 같이 경작이 쉽지 않은 오지에서 농사를 짓기 위해 만든 게 다랑이인데, 이곳 남해 '가천마을'도 오지여서 이렇게 다랑이 농사를 지었던 모양입니다. 그도 그럴 것이 500m 가까이 되는 꽤 높은 산 두 개와 남해바다로 둘러싸인 좁은 마을이라 과거에는 상당히 오지였을 것 같습니다.

이러한 다랑이는 우리 조상들의 지혜와 의지가 담겨 있는 소중한 문화유산이라고 할 수 있습니다. 거친 산간 경사지를 농사지을 수 있을 정도의 농토로 만들기 위해서는 일반 농경지보다 몇 배 이상의 노력이 들었을 것입니다. 그리고 이렇게 만든 산간 농지에 관개도 해야 하는 더 큰 난관이 있고, 이에 더하여 어렵게 만들어진 농토가 홍수나 태풍 등으로 유실되지 않도록 훨씬 더 세심하게 관리를 해야 했었을 것입니다. 공식적으로 기록된 바에 의하면 우리나라는 이미 12C보다 이전에 다랑이 농경을 활발히 했던 것으로 보입니다.

* 관개 : 농지 등에 물을 인공적으로 공급하는 것.

* 주) 다랑이 논에 대한 기록 : 중국 송나라 사람이었던 서긍이 1123년 고려에 사신으로 와서 보고 들은 것들을 <선화봉사고려도경>이라는 책에 기록하였는데, 여기에 보면 '경지가 산간에 많은데 멀리서 바라보면 사다리나 층계와 같다'라고 소개하고 있음.

현대에 있어서는 다랑이가 점점 설 자리를 잃고 있습니다. 경지가 남아도는 마당에 이렇게 척박한 조건에서 굳이 농경을 할 필요가 없어서입니다. 대신 현대의 다랑이는 자연과 인간, 그리고 산지와 농지가 어우러진 아름다운 경관을 지닌 관광자원으로서 새로운 가치를 만들어 내고 있습니다. 이러한 가치를 인정받아 남해 다랭이 논은 이미 2005년에 국가 명승(15호)으로 지정된 바 있습니다.

* 명승 : 경관이 뛰어나고 역사적·학술적 가치가 큰 것들을 선정하여 국가 지정문화재로 한 곳. 자연명승·역사문화명승·복합명승이 있음.

계단식 다랑이 논과 유채꽃, 바다가 어우러진 곳

이렇게 좁은 비탈논 일부가 봄에는 유채꽃 밭으로 바뀝니다. 유채꽃 뒤로는 넓은 바다가 펼쳐져 있죠. '신 스틸러' 유채꽃과 푸른 바다가 어우러진 풍경이 상당히 이색적입니다. 그래서 지금은 이곳이 사진 명소로 꽤 유명해졌습니다. 꽃길을 산책하는 맛은 덤입니다.

일부는 실제 주민들이 직접 농사를 짓고 있습니다. 다랑이 논 자체가 생소한 풍경인 데다가 거기에서 직접 농사를 짓는 모습을 보거나 체험도 할 수 있는 독특한 경험을 할 수 있는 것이죠. 특히나 외국인들에게는 이 다랑이 논이 더더욱 생소하게 느껴질 것 같습니다.

그리고 마을 아래로 내려가면 바로 가천해변으로 푸르른 남해 바다를 마주할 수 있고, 이곳에서부터 좌우로 다랭이지겟길과 앵강다숲길이라는 긴 해변 산책로가 이어집니다. 이곳에서는 매년 7~10월 중에는 '다랭이마을 달빛걷기' 행사도 열린다고 합니다.

사실 다랭이마을은 상당히 경사진 곳이라 오르내리는데 제법 힘이 드는데, 대신 마을 곳곳에 먹거리 가게들과 카페, 민박집들이 쭉 있어서 중간에 쉬어가며 여행할 수 있습니다.

4월에 유채꽃 필 때 가야 제맛

걷기 행사가 열리는 7~10월을 비롯해서 다른 계절에도 충분히 방문할 만합니다만, 역시 유채꽃이 피는 4월경이 가장 가보기 좋은 때가 아닌가 합니다. 적어도 4월 중순까지는 가야 유채꽃 사진을 건질 수 있을 듯합니다. 3월 말에 가도 꽃은 피어 있겠지만 매서운 바다 바람을 마주해야 할 것입니다.

이곳의 최대 난제는 주차입니다. 가뜩이나 좁은 오지마을에 많은 관광객이 몰리다 보니 주차난을 피할 수가 없습니다. 오가는 사람이 많아 곧 빈자리가 생기기도 한다지만, 워낙 길 자체가 좁고 도로가 번잡하여 잠시 정차하는 것도 눈칫밥이 상당합니다. 가급적 주말과 혼잡한 오후 시간대를 피하는 것이 좋습니다.

위치

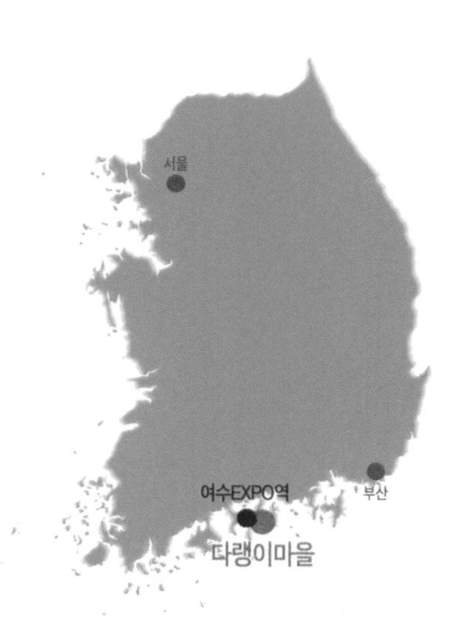

추천 시즌
- 4월 초·중순 / 7~10월(다랭이마을 달빛걷기)

연계 여행지
- 남해 독일 마을, 금산 보리암

교통
- 서울시청에서 393.7km, 여수EXPO역에서 93km
- **(서울-남해터미널)** 남부터미널에서 1일 7회, 편도 4시간 30분
  *부산 서부 1일 11회, 진주 16회, 마산·창원 5회
- **(남해T-)** 남면 방면 버스 편. 1일 16회, 편도 32~59분(노선이 다름)
  *버스 편 문의 : 남흥여객 / 055-863-3506

* 상기 교통정보는 현지 사정에 따라 변동될 수 있습니다.

먹거리
- 갈치회무침, 해초회덮밥(이상 향토 음식)
- 독일 마을 내 독일맥주·소시지 등

남해 독일마을

금산 보리암

제 3화 꽃여행·섬여행의 절정, 수선화 섬 신안 '선도'

섬은 섬다워야 한다

요즘 여기저기 연륙교(連陸橋)가 많이 생겼습니다. 과거에 '섬 사찰'로 유명했던 강화 석모도 보문사도 그렇고, '새만금유람선'이라 하여 섬 여행의 성지로 불리던 고군산군도의 선유도도 이제는 모두 자동차로 갈 수 있습니다. 신안 천사대교처럼 무려 7.2km를 다리로 연결하여 일거에 섬 여럿을 반(反) 육지로 만들어 버린 사례도 있죠.

그러다 보니 섬이 섬 같지 않아졌습니다. 이제 섬은 그저 잠깐 들리는 경유지에 불과해진 느낌입니다. 하루에 몇 번 오가지 않는 배편 때문에 반강제로 섬 안에 묶이는 그런 일은 이제 점점 옛날 애기가 되어가고 있습니다. 섬 안의 주민들도 이러한 상황이 달갑지 않습니다. 외지인들이 와서 잔뜩 와글대다가 돈은 한 푼도 쓰지 않고 쓰레기만 버리고 간다는 말이 있을 정도입니다.

최신식 시설로 된 호텔도 좋지만 가끔은 조금은 불편한 민박이나 템플 스테이, 캠핑 텐트도 그 나름의 멋과 재미가 있습니다. 마찬가지로 편하게 자동차로 휙 훑고 가는 것도 좋지만, 바다 내음을 맡으며 약간의 고립과 여유를 즐기는 섬 여행도 여행의 별미일 것입니다.

그러려면 섬이 섬다워야 하는 것이죠.

노랑노랑한 섬, 수선화 섬 '선도'

전남 **신안**은 섬이 많기로 유명합니다. 무려 1,004개의 섬이 있다고 하죠. 반면 워낙 지리적으로 멀고 교통이 불편한 탓에 이 많은 섬 중에 단 1개도 못 가본 사람이 수두룩합니다. 신안 여행을 다녀왔다는 사람들도 채 몇 개의 섬을 가보지 못한 경우가 대부분입니다.

* 주) 정확하게는 섬의 개수가 1,025개라고 합니다.

최근에 신안에서 가장 유명한 곳은 소위 퍼플섬이라 불리는 반월도와 박지도입니다. 약 1.5km의 보라색 목재 산책로 데크가 설치된 곳인데, 탁 트인 바다의 풍경과 다리 아래 펼쳐진 갯벌이 일품입니다. 튤립축제로 유명한 임자도도 굉장히 매력적인 곳입니다. 튤립 그 자체로도 어그로가 확 오는데 그런 튤립공원을 2만 평 규모로 만들어놨으니 얼마나 대단하겠습니까.

그런데 위의 섬들은 사실 섬이 아닙니다. 연륙교로 육지와 연결이 되어 있죠. 바다에 인접한 육지와 크게 다를 바가 없습니다. 마이카로 접근해서 후딱 보고 목포로 밥 먹으러 나올 코스입니다.

반면 지금 소개하는 선도는 아직(!) 진짜 섬입니다. 신안 가룡항에서 하루에 딱 4편만 있는 배를 타고 들어가야 합니다(무안 신월항에서는 하루 2편). 섬의 크기는 170만 평 가까이 되지만(5.6㎢) 주요 포인트는 도보로만 다녀도 부족함이 없습니다. 반면 카페리도 가능해서 마이카를 동원하는 편리한 여행도 할 수 있습니다.

원래 이름은 '매미(蟬) 섬'인데 그보다는 **'수선화 섬'**이라는 별칭으로 더 알려져 있습니다. 반월·박지도가 퍼플섬이라면 이 섬은 '옐로우 섬'입니다. 항구에 내리자마자 노란색들이 여기저기에 눈에 들어오며, 조금만 안으로 들어가면 수선화와 유채꽃, 금영화 등의 노랑노랑한 꽃밭이 쫙 펼쳐집니다.

이 이름 모를 섬이 유명해진 것은 한 할머니 덕분이라고 합니다. 할머니가 하나하나 심은 수선화가 섬을 물들이기 시작하자, 신안군에서 아예 예산을 들여 약 8ha 땅에 수선화 꽃밭을 조성했다고 합니다. 그리고 퍼플섬처럼 선도 역시 노란색의 컬러 마케팅으로 섬의 곳곳에 노란 칠이 더해졌습니다. 덕분에 선도는 2020년 전남도에서 선정한 '가고싶은 섬'에 선정되기도 했습니다.

4~5월경, 선도는 출사의 성지가 된다

바다로 둘러싸인 섬이지만 이 섬은 꽃 피는 4~5월경에 찾아가는 것이 최적입니다. 당장 수선화의 개화시기가 3~4월경으로 매년 선도에서 열리는 '수선화축제' 기간이 4월 초순입니다. 같은 노랑의 유채꽃도 4월 내내 피어 있으며, 양귀비과의 금영화(캘리포니아양귀비)도 4월부터 꽃이 피기 시작해서 5~6월까지 이어집니다.

카페리도 가능하지만 상당수의 여행객들이 섬에서 도보로 여행합니다. 카페리를 하면 ▲잠시 더위나 비를 피할 수 있는 휴식 공간이 생기고, ▲섬에 부족한 먹거리를 동원할 수 있으며, ▲주요 포인트 외에 섬의 먼 곳까지 다녀올 수 있는 장점이 있는 반면, ▼주차 공간이 절대 부족하여 오히려 동선에 제약을 받고, ▼여행 수요가 몰릴 경우 입도·출도 자체가 어려워지는 단점이 있습니다. 혼잡도와 날씨, 동행자 조건 등을 고려하여 선택하면 됩니다.

만약 도보를 선택하게 되면 마땅한 쉼터나 그늘도 없는 들판을 도보로 오가야 하는 일이 생깁니다. 따라서 6월 이후로 가면 덥거나 때로는 비바람을 맞을 일도 생길 수 있습니다. 또 이 섬에는 해수욕장이 없습니다. 바다 앞까지 이어진 길로 접근할 수는 있지만 해수욕할 정도는 아닙니다. 해수욕 관련 편의시설도 전혀 없고요. 그래서 한여름 여행은 좀 적합하지 않습니다. 오히려 섬의 한적한 곳은 바다낚시 포인트로 알려져 있습니다.

섬 내에 식당이나 편의점이 거의 없다는 점도 감안하셔야 합니다. 입도 시간이 제한적이라 여행 스케줄을 짜다 보면 점심 전에 들어가서 오후에 나올 수도 있는데, 이때 미리 준비한 먹거리로 점심을 때워야 할 수 있습니다. 카페리를 하면 미리 먹거리를 충전해서 갈 수 있겠지만 도보로 가면 이 부분이 불편합니다. 신안군에서 좀 신경을 쓸 필요가 있어 보이네요.

위치

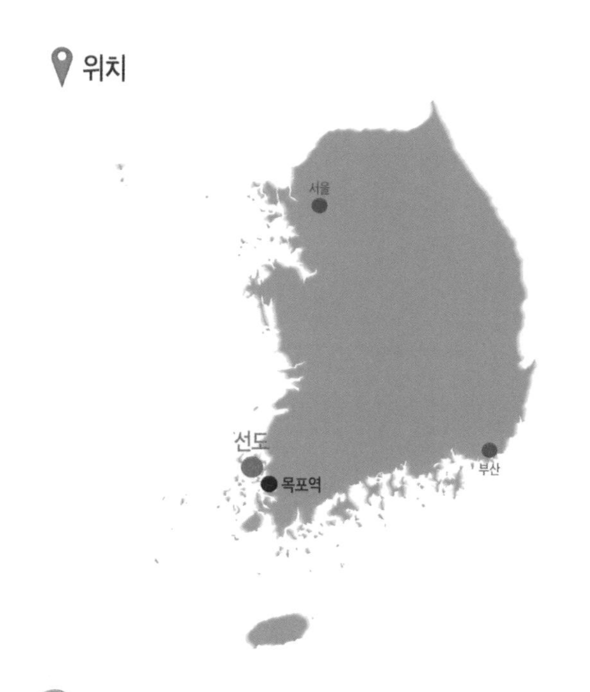

추천 시즌 · 4~5월 / 4월 초(선도 수선화축제)

연계 여행지 · 퍼플섬(반월-박지도), 튤립 섬(임자도)

교통

· 신안 압해가룡항에서 배편. 1일 4회, 편도 35분
*배편 문의 : 가룡항 매표소 / 061-262-4211

· **(가룡항)** 서울시청에서 353.2km, 목포역에서 21.6km

· **(목포-가룡항)** 버스 편(1회 환승)
- (목포-압해 중앙) 130번. 1일 20회, 편도 35분
- (압해 중앙-가룡항) 공영버스. 1일 9회, 편도 25분
*버스 편 문의 : 신안군 교통지원과 / 061-240-8167

먹거리

· 바위옷우무(향토 음식)
· 한우전복낙지탕탕이, 생고기(육사시미), 인동초막걸리, 함평 한우 등(이상 목포 등 내륙)

선도-가룡항 카페리

'퍼플섬', 반월-박지도

만 원짜리 지폐에 나오는 '일월오봉도'의 배경, 전북 마이산

'일월오봉도(日月五峰圖)'라는 그림이 있습니다. 말 그대로 해와 달, 그리고 다섯 개의 산봉우리를 그린 그림인데, 조선 왕조 때 왕의 집무실 용상(龍床) 뒤에 항상 병풍처럼 걸려 있던 그림이었습니다. 이 그림은 조선 왕의 상징이자 조선을 상징하는 그림으로, 경복궁·창덕궁 같은 궁궐의 정전(正殿)은 물론 태조 이성계의 사당인 전주 경기전에도 걸려 있으며, 현재 세종대왕 만원권 지폐에도 그려져 있습니다.

* 정전(正殿) : 왕이 주요 의례를 집행하는 집무실이자 궁궐의 최고 전각.

일월오봉도(日月五峰圖)

그 이유는 이 그림이 조선의 건국 설화와 관계있어서입니다. 조선을 건국한 태조 이성계가 왕의 계시를 받은 꿈을 형상화한 그림이죠. 이성계가 왕이 되기 전에 꿈에서 신선이 나타나 '이 금척으로 삼한 강토를 다스려 보아라'는 계시를 받았는데, 왜구를 물리치고 개선하는 길에 마이산을 보고 꿈속에 나타난 산과 똑같다 하여 마이산 은수사에서 백일기도를 드리며 건국을 결심했다는 그런 설화입니다.

꿈을 그림으로 그리고 설화적 요소를 반영한 탓에 해와 달이 동시에 떠 있고 폭포가 바다(혹은 강)로 직수하는 등의 비현실적인 요소가 있습니다만 가운데 산의 모양은 뚜렷하게 독특합니다. 이와 같은 산의 형태는 우리나라에는 거의 존재하지 않기 때문입니다. 우리나라의 바위산은 대부분 화강암 산이라 비교적 뾰족한 편인데, 마이산은 거대한 역암 덩어리가 풍화를 거쳐 현재의 둥그스름한 모양을 갖게 된 것이 다른 산들과 뚜렷이 구별됩니다. 그래서 이 '오봉'이 마이산을 모티브로 그려졌다는 것을 쉽게 알 수 있습니다.

이 그림의 유래가 직접적으로 전해져 내려오는 문헌은 없는 것 같습니다만, 마이산 은수사 태극전(太極殿)에도 일월오봉도가 걸려 있고 태조의 적장자의 이름이 '진안대군(鎭安大君)'인 것을 보면 마이산이 조선의 건국 설화를 품고 있는 것은 사실인 것 같습니다.

마이산의 '타포니'

* 타포니(Tafoni) : 암벽에 움푹 파인 구멍이 벌집처럼 모여 있는 것으로 풍화 현상 중의 하나.

특이한 산에 있는 더 특이한 사찰, 마이산 '탑사'

진안 마이산에 오는 여행객들은 대부분 마이산 봉우리를 오르는 게 아니라 바로 이곳 탑사를 목적지로 합니다. 조선 건국 설화는 잘 몰라도 탑사는 많이 알려져 있죠.

접착제나 시멘트를 쓴 것도 아니고 홈을 파서 끼워 맞춘 것도 아니라고 하는데, ▲탑 하나당 수십 개의 돌로 ▲높게는 10m 이상 수직으로 뻗은 ▲80여 개의 돌탑이 ▲100년 넘게 무너지지 않고 그대로 있다는 것 자체가 굉장히 불가사의한 광경입니다.

그리고 해마다 겨울이 되면 탑사 주변에서 역고드름 현상이 목격된다고 합니다. 물그릇 안에 있는 물이 거꾸로 하늘 방향으로 얼면서 고드름이 생긴다고 하는데 참으로 특이한 현상임에 틀림없습니다. 과학적으로는 이곳이 협곡이라 강한 상승 기류 때문에 생기는 것으로 봅니다만, 혹자는 마이산이 참으로 '기(氣)'가 대단하다고 평하기도 합니다.

천연기념물 배꽃과 역고드름, 마이산 '은수사'

은수사는 물이 은(銀)처럼 맑다고 해서 붙여진 이름입니다. 태조 이성계의 건국 설화가 탄생한 직접적인 배경이 되는 사찰이죠.

(남부에서 출발할 경우) 탑사까지 가는 길은 포장된 산책로 수준입니다만 은수사로 가려면 약 300m 정도 산길을 올라야 합니다. 그래서 여행객 중 상당수가 탑사에서 발길을 돌리는 것이 대부분인데, 여유가 되면 꼭 은수사까지 올라가 보기를 추천 드립니다.

은수사는 마이산 봉우리 바로 밑에 있는 곳이라 신비한 마이산 봉우리를 더 직접적으로 볼 수 있습니다. 그리고 태조의 설화가 유래된 곳답게 태극전에 일월오봉도가 있죠. 때를 맞춰 가면 경내에 있는 600살 넘는 천연기념물 청실배나무에서 만개한 배꽃을 볼 수도 있는데, 이 배나무는 태조가 직접 심었다는 설화도 전해 내려옵니다. 역고드름 현상도 탑사보다 이곳에서 훨씬 잘 목격된다고 합니다.

진안 은수사 청실배나무 (천연기념물 제386호)

마이산에 가는 길은 2가지인데 남부 주차장 쪽에서 가는 길과 북부 주차장 쪽에서 가는 길입니다. 자가용을 이용할 경우 대부분 남부에서 가게 되는데, 이 경우는 탑사→은수사 방면으로 가게 되며 약 2km 길이의 비교적 평탄한 포장로로 산책로로도 훌륭합니다.

반면 북부에서 가게 되면 반대로 은수사→탑사 방면으로 진행하며 길이는 비슷하지만 산길입니다. 하지만 대중교통 이용 시 남부보다 북부가 버스가 훨씬 많으므로 이쪽 코스가 접근성이 좋습니다. 숙소나 편의 시설도 북부에 주로 있으며 남부 쪽에는 거의 없습니다.

위치

추천 시즌

- 4월 말(청실배나무 배꽃)
- 12월(마이산 소원빛 축제, 역고드름)

연계 여행지

- 진안 홍삼스파, 운일암반일암 계곡, 부귀 편백숲

교통

- 서울시청에서 246km, 전주역에서 44km
- **(서울-진안)** 강남터미널에서 고속버스. 1일 2회, 편도 3시간
- **(전주-진안)** 전주터미널에서 버스 편. 20~40분 간격 수시 운행, 편도 50분
- **(마이산 남부)** 진안터미널에서 버스 편(마령·탑사 방면). 1일 3회, 편도 30분
- **(마이산 북부)** 진안터미널에서 버스 편(마이산 방면). 1일 9회, 편도 10분(도보 대체 가능; 2.5km)

  *버스 편 문의 : 무진장여객 / 063-433-5282

먹거리

- 애저찜(향토 음식)

운일암반일암 (진안군청 제공)

제5화 단돈 만 원에 보는 아쿠아리움, 단양 '다누리센터'

두 시간 보는 아쿠아리움에 10~15만 원?

아쿠아리움(수족관)은 동물원과 함께 아이들이 가장 좋아하는 곳 중 하나입니다. 어른들도 아이들의 교육 차원에서 선호도가 높은 곳이죠. 그래서 전국의 대도시 및 주요 해양 관광지에는 여러 아쿠아리움들이 조성이 되어 있습니다.

그런데 입장 요금이 상당히 비싼 편인 게 문제입니다. 아래 주요 아쿠아리움 입장료를 보면 성인 1명 당 거의 3, 4만 원에 달합니다. 어른 둘, 초등학생 둘인 4인 가족 기준으로 10만 원에서 많게는

15만 원까지 되는 셈입니다. 아무리 잘된 곳이어도 보통 2시간 정도면 충분히 보고 나오는 걸 생각하면 굉장히 부담스러운 금액이죠.

(* 물론 비수기에 가거나 통신사 할인 등의 혜택을 받으면 부담이 좀 덜해지기도 합니다.)

반면 충북 단양에 있는 다누리센터(다누리아쿠아리움)는 성인 요금이 1만 원이고, 위의 4인 가족 기준으로도 32,000원에 불과합니다. 서울대공원 입장료(5,000원)의 두 배에 불과한 요금으로 아쿠아리움을 갈 수 있는 것이죠. 이 정도로 갈 수 있는 아쿠아리움은 대한민국에 경북 울진아쿠아리움 정도 밖에는 없는 것 같습니다.

* 주) 울진아쿠아리움도 상당히 저렴하고 매력적인 곳입니다만, 주변 연계 관광 측면에서 단양 쪽이 낫기에 이곳을 소개합니다.

이름	어른	청소년	어린이	4인 가족 (어른2+어린이2)
아쿠아플라넷 제주	40,700	38,900	36,900	**155,200**
제2롯데월드 아쿠아리움	33,000	33,000	29,000	**124,000**
코엑스 아쿠아리움	32,000	32,000	28,000	**120,000**
아쿠아플라넷 여수	32,000	29,000	27,000	**118,000**
부산 아쿠아리움	30,000	30,000	25,000	**110,000**
대구 아쿠아리움	29,000	27,000	25,000	**108,000**
아쿠아플라넷 63	27,000	27,000	23,000	**100,000**
대전 아쿠아리움	21,000	19,000	17,000	**76,000**
단양 다누리센터	**10,000**	**7,000**	**6,000**	**32,000**

주요 아쿠아리움 입장 요금 (2022.8 기준)

고래, 상어, 물범만 빼고 다 있는 '민물고기 생태관'

남한강이 흐르는 **단양**은 예로부터 쏘가리가 유명했습니다. 쏘가리는 가물치, 메기와 함께 우리나라 대표적인 대형 담수어로 먹이사슬의 맨 꼭대기에 있는 '민물의 제왕'입니다. 큰 것은 50cm 가까이 자라며 황색과 갈색의 무늬가 마치 비단 같다고 하여 과거에는 '금린어(錦鱗魚)'라고도 불렸습니다. 크기가 커서 낚시 손맛도 있고 맛까지 좋아서 선호되는 어종이며, 최근에는 우리 생태계를

어지럽히는 외래종인 황소개구리, 블루길, 배스까지 잡아먹는 것이 알려져 호감도가 더 높아졌습니다.

다누리센터는 이 쏘가리를 주인공으로 해서 민물고기 수족관으로 만들어진 곳입니다. 하지만 국내 뿐 아니라 외국에 사는 어종까지도 전시하고 있어서, 수달과 거북은 물론 악어, 도마뱀에 가오리까지 있을 정도입니다. 최근에 고래가 아쿠아리움에서 없어지고 있는 추세를 생각하면 수족관으로서는 웬만한 건 다 있는 셈입니다.

민물고기 생태관이라고 해서 그 규모나 모양새까지 '도랑물' 사이즈라고 생각하시면 오산입니다. 전시 수조만 100개가 넘고, 전시 생물이 234종에 23,000여 마리에 달하는 꽤 규모 있는 아쿠아리움입니다. 연계 시설로 '낚시 박물관'도 있는데 이는 우리나라에서 최초로 만들어진 곳이라고 합니다.

최근에는 이곳도 제법 알려져서 성수기나 주말에는 꽤 북적합니다. 하지만 그래도 주차 대기를 한참 할 정도로 입장이 어려울 정도는 아닙니다. 성수기에는 매표에만 1시간 걸리고 사람들에 밀리고 치일 정도인 다른 유명 아쿠아리움들에 비하면 상황이 훨씬 낫습니다.

내부에서 사진 찍는 데 제약이 없지만, 그래도 플래시를 터뜨리는 것은 전시 생물들에게 상당한 스트레스를 준다고 하니 이 부분은 매너를 지켜주시는 게 좋겠습니다.

중부권 최고의 여행 맛집, 단양

단양은 인구 3만 명도 안 되는 고장입니다만 여행 콘텐츠는 정말로 풍부하고 다양합니다. 예부터 '단양 8경'이라 하여 조선 시대부터 전국적인 명승지로 이름이 높았는데, 그 명성에 걸맞게 곳곳에 자연 절경이 펼쳐집니다. 높지는 않지만 깊은 산과 계곡이 군내 전체에 퍼져 있고, 그 사이를 굽이쳐 흐르는 남한강은 한 폭의 그림입니다.

* 단양 8경 : 하선암, 중선암, 상선암, 사인암, 구담봉, 옥순봉, 도담삼봉, 석문

단양군 전체는 석회암지대로서 관내에 크고 작은 동굴만 180여 개 있다고 하며, 이중 유명한 고수동굴과 온달동굴, 천동동굴 3곳이 개방되어 있습니다. 단양군 전 지역은 우리나라에 13개만 있는 국가지질공원 중 하나로 지정되어 있습니다.

우리 역사에서 중요한 위치를 차지하는 여러 유적들도 있습니다. 우리나라에서 가장 오래된 구석기 유적인 단양 금굴과 구석기부터 마한 시대 유적까지 있는 단양 수양개, 삼국 역사에서도 중요한 위치를 차지하는 고구려 온달산성과 신라 단양 적성비가 그렇습니다. 현대에 지어졌긴 하지만 우리나라 불교 천태종의 총본산이자 우리나라에서 가장 큰 사찰이라고 하는 구인사도 단양에 있죠.

최근에 조성된 여행 포트폴리오도 굉장히 다양한 편입니다. 우선 레포츠·액티비티 쪽이 전국에서 제일 풍부한 편으로, 1박2일에도 나왔던 단양 패러글라이딩과 짚라인·알파인코스터(모노레일)가 연계된 만천하 스카이워크가 가장 유명하며 그 외에도 남한강 래프팅, 모터보트, ATV, 남한강 루어낚시 등이 골고루 있습니다.

* ATV(All-Terrain Vehicle) : 전 지형 만능차. 험한 지형도 달릴 수 있는 소형 오픈카 또는 오토바이.

조금 정적인 활동이라면 남한강을 따라 걷는 단양 잔도길, 역시 남한강을 오가는 단양 유람선, 최근에 지어진 워터파크인 소노문 단양 오션플레이가 있으며, '한국의 알프스'라고도 하는 중부권의 명산인 소백산의 트래킹과 정상(비로봉, 1,440m)쪽 등산도 단양에서 시작합니다. 매년 5월 말경이면 소백산 철쭉제가 열리는데 이맘때의 소백산은 더욱더 좋다고 합니다.

'태왕사신기', '연개소문', '바람의나라', '대왕의 꿈' 등 여러 유명 사극의 촬영지였던 온달관광지 드라마세트장은 우리나라에서 가장 잘 만들어진 드라마세트장 중 하나입니다. 수양개 쪽에 생긴 수양개 빛터널도 아이들에게 인기 있는 곳입니다. 천동·다리안계곡 등의 계곡이나 소백산 자연휴양림에서 휴양을 즐기시는 분들도 많습니다.

위치

추천 시즌 · 5월 말(소백산 철쭉제) / 10월 초(온달문화축제)

연계 여행지 · 온달관광지(드라마세트장·온달동굴), 도담삼봉·석문
· 만천하 스카이워크, 단양 패러글라이딩, 구인사 등

교통 · 서울시청에서 178km, 단양터미널 바로 옆

· **(서울-단양터미널)** 동서울터미널에서 1일 9회, 편도 2시간 30분 *충주에서 1일 4회 있음
*버스 편 문의 : 단양터미널 / 043-421-8801

· **(서울-단양역)** 청량리역에서 KTX 1일 5~6회, 편도 1시간 20분 / 누리로·무궁화호 각 1일 2회
*상행선은 안동·영주만 직통이 있음

· **(부산~구인사 셔틀)** 삼광사에서 매일 아침 8시 1회, 편도 4시간, 교대역·동래역·온천장역 경유
*버스 편 문의 : 부산동백관광 / 051-809-8811

먹거리 · 쏘가리 매운탕(향토 음식)

도담삼봉 (단양8경 제7경)

단양 구인사

단양 패러글라이딩

온달관광지 드라마세트장

제6화 산속의 임시 수도, 경기 광주 '남한산성'

우리나라의 독특한 문화유산 중 하나, 산성(山城)

산성은 동서고금 여러 나라에서 활용했지만 우리나라는 이를 역사적으로 가장 잘 활용했던 나라라고 할 수 있습니다. 고구려 때 당대 최고 전성기를 구가하던 당나라의 대군을 안시성에서 격퇴한 '안시성 대첩'이 가장 대표적인 사례죠. 백제와 신라도 산성을 많이 활용했는데 우리 국토의 80%가 산지라는 점을 생각하면 당연하다고 하겠습니다.

* 안시성 대첩(645) : 당나라 태종이 이끈 30만 대군을 고구려가 안시성에서 물리친 전투. 고려 이후 문헌에 의하면 당시 전투에서 당 태종이 눈에 화살을 맞았다는 이야기가 전함.

평소에는 평지성에서 살다가 전란 때에는 산성으로 들어가 농성하며 버티는 방식이었는데, 왜냐하면 산성이 평지성보다 방어가 훨씬 유리하기 때문입니다. ▲험준한 지형이 적의 진입부터 어렵게 하고, ▲높은 곳에서 적의 움직임을 살피기는 쉽고 반대로 적은 아군의 움직임을 보기 어려우며, ▲지형 특성상 아군의 활·대포의 사거리가 길어지고 반대로 적군의 사거리는 줄어들고, ▲적의 공성추·발석차 등 공성 병기의 사용 자체를 거의 불가능하게 하며, ▲보통 성벽을 높게 쌓을 필요가 없어 적의 공격에 일부가 부서지더라도 빠르게 복구할 수 있는 장점이 있습니다.

물론 단점도 있었습니다. ▼평소에 평지성과 산성 두 곳을 운영하여 자원과 노동력의 소모가 있었고, ▼청야 전술을 쓸 수밖에 없어 전후 복구에 막대한 노력이 필요했습니다. 자원 소모가 심했다는 거죠. 그러나 워낙 전란이 많았던 우리나라였기에 산성을 적극적으로 활용했고 남한 지역에만 1,000개가 넘는 산성이 있을 정도입니다.

* 청야 전술 : 퇴각할 때 주변에 적이 사용할 만한 모든 식량과 군수물자를 불태우거나 없애는 전술.

남한산성은 조선시대 수도 한양을 대체하는 3개의 대체성(북한산성, 남한산성, 강화도) 중 하나였습니다. 그만큼 규모도 큰데, '남한지'의 기록에 따르면 성벽 안둘레가 17리 반(약 7.87km), 바깥둘레가 20리 95보(약 9.1km)에 달한다고 합니다.

* 주) 1척=20.81cm(주척), 1보=6척, 1리=360보 적용.

규모도 규모지만 '삼전도의 굴욕' 이후에도 다시 재건하여 거의 온전한 형태를 보존하고 있는 우리나라의 대표 산성으로, 2014년에 우리나라 산성 중 최초로 유네스코 세계문화유산에 등재되었습니다.

* 삼전도의 굴욕(1637) : 병자호란 당시 인조가 청나라에 항복하면서 삼궤구고두례(三跪九叩頭禮; 3번 무릎 꿇고 9번 땅에 머리를 박음)를 한 사건. 우리 역사에는 치욕으로 기록되어 있으나 삼궤구고두례는 원래 청나라에서 황제를 대하는 통상적인 예법이었다고 함.

산성과 도시 번화가, 슬리퍼와 등산화가 공존하는 팔색조 같은 공간

보통의 산성도 주변의 주민들이 다 대피하려면 어느 정도 자립의 기능을 갖추어야 합니다. 하물며 만인지상인 국왕이 머무는 곳이라면 더하겠죠. 그래서 산성 내부에 여러 시설을 갖춰놓는 게 필요합니다.

가장 핵심이 되는 공간은 역시 왕이 머물던 '남한산성 행궁(사적 제480호)'입니다. 문화재 번호까지 붙어 있지만 사실 이곳은 2011년에 복원된 시설입니다. 병자호란 전부터 오랫동안 보존돼 있던 원래 행궁은 허망하게도 일제 나쁜 놈들이 불태워서 없어지고 말았습니다.

그래서 현재 남한산성의 최고 랜드마크는 '수어장대(보물, 舊 경기도 유형문화재 제1호)'입니다. 남한산성 서쪽 포스트인 청량산 정상(497.1m)에 위치한 웅장한 건물로 현존하는 남한산성 내 건축물 중 가장 크기가 큽니다. 이곳은 남한산성을 수비하는 군영인 수어청의 대장이 부대를 지휘했던 곳인데 최근(2021.12) 보물로 승격됐습니다.

그 외에 함께 보물로 승격된 '연무관(舊 경기도유형문화재 제6호)', 백제 시조 온조왕의 사당인 '숭렬전(경기도유형문화재 제2호)', 남한산(522.1m) 정상 부근에 있는 '봉암성' 등이 주요 포인트입니다.

* 수어청(守禦廳) : 조선 후기 중앙 군사조직인 5군영 중 하나.

남한산성 행궁

수어장대

연무관

하지만 남한산성은 팔색조 같은 매력을 지닌 것이 더 특징입니다. ▲둘레길 1코스처럼 슬리퍼를 신고 갈 수 있을 만큼 평이한 코스가 있는가 하면, 외곽 코스 중에는 숨을 참기 힘들 정도로 가파른 코스도 있습니다. 또한 ▲걷는 내내 잘 보존된 산성의 성벽과 관문을 만나게 되지만, 그 너머로는 서울의 중심 번화가인 송파·잠실 쪽의 전경이 펼쳐집니다. 특히 서울 시내 쪽인 서문 전망대와 서쪽 성벽은 손꼽히는 해넘이 명소입니다.

한편으로 ▲산성 안쪽에는 행궁과 수어장대를 비롯한 많은 문화재와 망월사·장경사 등 10개의 사찰 등이 있어 단순한 등산 코스 이상의 재미를 주며, 성곽에 있다는 16개의 암문(비밀통로)을 찾는 '숨은 X구멍 찾기'의 재미도 있습니다. 그리고 ▲과거 조선시대부터 이 지역은 '효종갱'으로 대표되는 맛집 거리였는데, 지금도 여러 맛집들이 입구에 빼곡히 들어서 있습니다.

* 암문(暗門) : 성곽의 후미진 곳에 적이 알지 못하도록 만든 비밀 출입구.

* 효종갱(曉鍾羹) : '새벽종이 울릴 때 먹는 국'이라는 뜻의 조선 최초의 배달 음식. 새벽녘 통행금지 해제를 알리는 종이 울리면 서울 사대문 안까지 배달됐다고 함. 사골 국물에 된장 양념으로 무친 시래기를 넣고 끓여낸 뒤 전복, 해삼, 소갈비 등을 넣어서 완성하는 영양 만점 국으로 조선시대에는 국보다 건더기가 많을 때 '갱'이라 표현했음. 단, 조선 제17대 왕 효종과는 관련이 없음.

* 주) 아쉽게도 현재는 남한산성 주변에 효종갱을 판매하는 집은 거의 없는 상태입니다. 과거에 했던 집들도 전부 백숙이나 한정식 등 고급 요리만 취급하고 있더군요. 아쉬울 따름입니다.

가는 방법도 사통팔달, 몇 번을 가도 각기 다른 재미

남한산성은 굉장히 넓어서 접근하는 코스도 여럿인데, 가장 쉽고 많이 이용하는 방법은 **경기 광주**의 산성로터리까지 자가용 또는 버스로 접근해서 이동하는 방식입니다. 사실상 남한산성 내부 한가운데까지 차량으로 접근할 수 있는 것인데, 길이 좁아 주말에는 접근하기 힘들지만 그래도 꽤 주차공간은 확보되어 있습니다.

① '슬리퍼 코스', 남한산성 둘레길 1코스

산성로터리에서 북문(전승문)→서문(우익문)→수어장대를 거쳐 남문(지화문)을 지나 산성로터리로 돌아오는 약 4.3km의 구간입니다. 전 구간이 콘크리트 포장된 완만 경사로여서 슬리퍼 산책이 가능합니다.

이 구간은 남한산성의 랜드마크인 수어장대와 산성 최고의 뷰를 자랑하는 서문 전망대를 지나며, 동문을 제외한 3개의 문을 모두 경유하여 가장 방문객들이 많이 찾는 메인 코스입니다. 다만 이 구간은 옹성이나 암문 등 산성으로서의 진면모를 보기에는 많이 부족한데, 그래서 서문 근처에 있는 5암문을 지나 약 270m 거리에 있는 1코스 유일의 옹성인 연주봉옹성을 꼭 가보길 추천 드립니다.

* 옹성(甕城) : 성문을 보호하기 위해 성문 밖에 한 겹의 성벽을 더 둘러쌓은 이중 성벽으로, 옹성 안으로 진입하려는 적군에게 포위하듯이 공격할 수 있음.

남한산성 서문(우익문)

서문 전망대에서 본 서울 시내

남한산성 남문(지화문)

남한산성 북문(전승문) : 현재 해체 수리 중

② 진짜 산성을 만나는 남한산성 둘레길 5코스

산성을 크게 도는 둘레길 5코스는 길이도 길고 길도 비교적 험하지만 대신 옹성이나 암문, 외성 등 성곽의 다양한 모습을 볼 수 있습니다. 북문이나 남문, 또는 동문(좌익문)에서 시작해서 산성을 크게 한 바퀴 도는 7.7km 구간인데, 1코스와 겹치는 구간을 제외하면 북문-동문-남문을 연결하는 코스가 됩니다.

남문에서 동문 사이에는 4개의 옹성이 있어 '옹성의 길(둘레길 4코스)'이라 불리며 암문도 5개나 있습니다. 7남문으로 나가 제1남옹성을 거치면 검단산(536.4m)과 망덕산 정상(498.9m)으로 이어지는 등산로도 있어서 등산 애호가들은 이쪽도 많이 찾습니다.

반면 동문에서 북쪽으로 올라가면 장경사를 거쳐 남한산성의 외성인 봉암성 쪽으로 갈 수 있습니다. 봉암성은 산성의 최고봉인 남한산 정상 부근에 있고, 근처에 벌봉(515m) 정상도 바로 앞에 있어 지나치기 어려운 포인트입니다. 외성은 복원이 좀 덜 되어 있으나 그만큼 한적한 옛 모습을 볼 수 있는 재미가 있습니다.

* 남한산성 외성 : 인조 때 쌓은 본성(또는 원성이라 함) 외에 동쪽 외곽에 있는 봉암성·한봉성을 말함. 지대가 높은 동쪽의 방어를 보강하고자 숙종 때 축조.

남한산성 옹성 (장경사신지옹성, 제2남옹성)

남한산성 암문 (제2암문, 제11암문)

남한산성 동문(좌익문)

남한산 정상 (봉암성 부근)

대부분의 관광지가 그렇지만 이곳도 주말마다 주차 때문에 몸살을 앓습니다. 산성로터리 앞은 오전 좀 지나면 벌써 주차장이 만차가 되며, 진입로가 2차선이어서 인근 진입로까지 꽉 막혀 버스도 진입하기 어려울 지경입니다. 결국 자가용이든 대중교통이든 진입이 극악이고 주말에는 오전 일찍이나 오후 4시 이후에야 좀 여유가 있습니다.

그래서 아예 산 밑에서부터 산성으로 올라오는 등산 코스를 이용하는 사람도 많습니다. 이 경우 남한산성의 4대문이 중간 목적지가 됩니다. 가장 가까운 코스는 ▲**서울 송파**구 마천·거여동 쪽에서 서문(우익문)으로 올라오는 코스입니다. 서울 쪽이라 교통이 편리하여 (지하철 5호선 마천역) 등산로로 가장 애용되는 코스인데 거리도 상당히 가깝습니다(최단 1.7km). 다만 가까운 만큼 경사가 심해 사실 이쪽은 올라오는 것보다는 내려가는 코스로 좋습니다.

▲**하남**시 고골계곡 들머리에서 북문(전승문)으로 가는 코스도 2km 정도로 짧아 많이 이용되는데, 이쪽은 북문에서 봉암성 및 남한산 정상 쪽으로 길게 트래킹할 수 있는 코스입니다. ▲**성남**시 남한산성공원 들머리에서 남문(지화문)으로 가는 코스는 거리가 1.6km로 가장 짧고 코스도 가장 평이하다는 장점이 있습니다.

▲**광주**시 검복리주차장 근처 큰골 들머리에서 동문으로 가는 코스는 남한산성의 외성 쪽으로 접근이 가장 용이한 코스입니다. 등산 애호가들은 ▲이배재 들머리에서 망덕산(498.9m)과 검단산(523.9m)을 거쳐 남문(지화문)으로 가는 6km 코스도 많이 이용합니다.

산성로터리 앞 주차요금은 주말 기준 5,000원으로 좀 비싼 편이지만, 시간 구애 없이 종일 주차이며 전기자동차와 하이브리드 등 친환경 자동차는 무료입니다. 행궁 입장료(어른 2,000원)도 경기도민은 무료입니다.

 위치

추천 시즌
· 9월 말(남한산성문화제) / 10월 중순 이후(단풍)

연계 여행지
· (서울 송파) 롯데월드, 스타필드 위례
· (성남) 한국잡월드, 성남아트센터 / (광주) 화담숲

교통
· 서울역에서 31.5km, 인천공항에서 88.2km

· **(-산성로터리)** 지하철 8호선 산성역 이동 후 버스 편, 편도 20분 *주말에는 상당 소요

· **(-송파 방면: 서문)** 지하철 5호선 마천역에서 도보 10분

· **(-성남 방면: 남문)** 지하철 8호선 남한산성입구역에서 버스 10여 분 / 복정역·모란역 등에서 버스 편

먹거리
· 효종갱, 산성소주(이상 향토 음식)
· 남한산성 보양거리 및 백숙거리 등의 맛집

제7화 벚꽃의 성지, 군산 '은파호수공원'과 부안 '내소사'

한국인이 가장 사랑하는 봄꽃, '벚꽃'

중부 지방 기준으로 벚꽃이 피는 4월 초가 되면 전국에 벚꽃을 즐기기 위한 인파들이 넘쳐 납니다. 전국에 벚꽃 축제가 200개가 넘는다고 하니 말 다했죠.

그 이유는 벚꽃의 개화 시기가 본격적인 봄철의 시작과 거의 일치하기 때문입니다. 낮 최고 온도가 10℃를 넘어 약 12℃쯤 되면 벚꽃이 개화하고, 15~16℃를 넘어가게 되면 만개한다고 알려져 있습니다. 대략 아침 기온이 확연히 영상으로 올라올 때쯤 개화해서, 낮 기온이 따뜻하여 야외 활동에 춥다고 느끼지 않을 때가 되면 만개하는 셈입니다. '이제 좀 나가볼까' 할 때쯤 기가 막히게도 그 흥을 돋워주는 게 벚꽃이라는 것이죠.

또 벚나무(주로 왕벚나무)가 ▲우리나라 어디에서나 잘 자라고, ▲묘목 가격도 싼데다가, ▲자생력이 좋고 공해에 강하여 가로수로 적합하고, ▲빠르면 3년 정도 만에 큰 나무로 키울 수 있는 속성수이면서, ▲관광 효과까지 있기 때문에 전국 지자체들이 앞 다투어 심은 것도 벚꽃이 넘쳐나는 이유 중 하나입니다. 지금도 전국에 새로운 벚꽃길과 축제가 생겨나고 있죠.

물론 벚꽃놀이가 벚꽃이 국화인 일본의 영향을 받았다는 느낌은 있습니다. 소위 '무릉도원' 이라는 말도 있고, '고향의 봄' 노래에도 나오듯이 우리 조상들은 복숭아꽃·살구꽃·진달래 등을 더 선호했던 것 같습니다. 하지만 그렇다고 벚꽃을 일부러 배척할 필요는 없습니다. 현재까지의 연구에 따르면 일본 왕벚나무는 인위적인 교배 잡종이고 제주 왕벚나무는 자연에서 생겨난 자연 잡종으로 유전적으로 아예 다르며, 오히려 제주 왕벚나무 쪽이 기원에 가깝다고 하니 말입니다. 벚나무는 일본의 국화이기 전에 한국의 자생화였던 것입니다.

* 주) 각 지역의 벚꽃 개화 여부를 판별하는 바로미터가 되는 나무들이 있습니다. 예컨대 여의도 윤중로(여의서로)의 경우 국회 북문 건너 벚꽃 군락지 내 수목관리번호 118~120번의 3개의 벚나무가 여의도 벚꽃의 개화 여부를 판단하는 기준이 되는 식입니다.

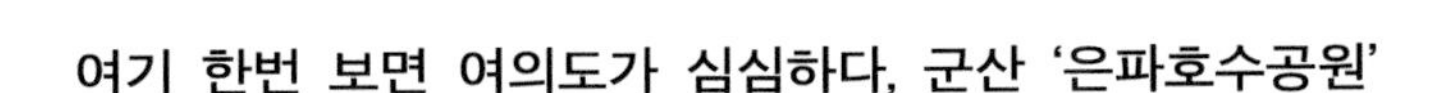

여기 한번 보면 여의도가 심심하다, 군산 '은파호수공원'

전북 **군산**의 곳곳에는 벚나무가 밀도 있게 심어져 장관을 이룹니다. 서해안고속도로 군산IC 길목에서부터 금강변을 따라 이어지는 수변로 등 시내 곳곳에서 연분홍의 색이 카메라를 들게 만듭니다. 그중에서도 은파호수공원은 군산 벚꽃여행의 최고 하이라이트입니다.

이곳은 과거 '미제저수지'라는 농업용 저수지였는데 1985년에 국민관광지로 지정되어 현재는 전국적 명소가 되었습니다. 호수 둘레 길이가 약 10km에 달하며, 둘레에 벚꽃나무가 많이 심어져 있어 봄이 되면 인산인해를 이룹니다. 산책로 주변과 호수를 가로지르는 목재 다리(물빛다리)에 야간 조명이 설치되어 있고 음악 분수도 있어 오래전부터 야경 명소로서 행락객들이 밤낮을 가리지 않고 모입니다.

이 정도라면 사실 서울 여의도 등 여러 곳들도 크게 뒤쳐질 게 없겠습니다만 군산에는 보다 특별한 게 있습니다. 바로 맛집이죠. 군산은 조선 말기인 1899년에 개항하면서 가장 먼저 커피 등 서양 문물이 들어온 곳이기도 하여 곳곳에 맛집 및 카페 명소가 많습니다. 이곳 은파호수공원 역시 이미 15년 전부터 여기에 자리 잡은 대형 카페인 '산타 로사'를 포함하여 빼어난 경관과 뛰어난 맛을 모두 갖춘 맛집과 카페들이 여럿 들어서 있습니다.

부안 개암제　　　　궁항 전라좌수영

오래된 수령의 거대한 벚나무와 고즈넉한 산사의 만남, 부안 '내소사'

군산에서 새만금방조제를 넘으면 전혀 색다른 벚꽃의 명소들이 나타납니다. 바로 전북 **부안**입니다. 군산의 벚꽃이 축제라면 부안의 벚꽃은 숨은 비경이라고 할까요.

내소사는 이런 부안 벚꽃여행 중에서도 가장 백미입니다. 규모는 작지만 백제 무왕 때인 633년에 창건된 유서 깊은 사찰이며, 최소

수령 700년 이상 되는 거대한 느티나무 두 그루가 당산나무로서 버티고 서 있어 그 역사를 말해줍니다. 특히 전 문화재청장 유홍준 교수가 전국의 5대 사찰 중 하나로 꼽으면서 더 유명해졌습니다.

* 유홍준의 남한 5대 명찰(논제명찰) : 서산 개심사, 강진 무위사, 부안 내소사, 청도 운문사, 영주 부석사.

내소사 벚꽃의 정수는 경내에 한 그루씩 서 있는 오래된 고목 벚나무들입니다. 앞서 언급했듯이 벚나무는 빨리 자라는 속성수여서 전국에 고만고만한 벚나무들이 도처에 심어져 있는데, 그래서 내소사에 있는 고령의 큰 벚나무들은 다른 벚꽃길에서 볼 수 없는 압도적인 풍채를 뿜어냅니다.

거기에 사찰 뒤에 자리한 능가산(관음봉)의 비경과 사찰 내의 오래된 역사를 지닌 건축물들, 그리고 한적한 산사의 느낌이 어우러져 가히 전국 최고의 벚꽃 뷰를 만들어냅니다. 특히 만개를 지나 바람에 벚꽃비가 날릴 때가 되면 내소사의 벚꽃 뷰는 가히 극강이 됩니다.

부안에는 내소사 외에도 주목할 만한 벚꽃 명소들이 더 있는데, 먼저 개암제는 수변 및 도로를 따라 조성된 벚꽃터널로 최근에 부안의 핫 플레이스가 된 곳입니다. 그리고 궁항 전라좌수영(드라마 '불멸의 이순신' 세트장) 주변은 잘 알려지지 않았지만 인적이 드문 한적한 곳에서 만발한 벚꽃을 즐길 수 있는 숨은 벚꽃 명소입니다.

장자교에서 본 장자대교

선유도에서 본 대장도

선유도 구불8길

새만금방조제

군산과 부안을 묶어서 여행해야 하는 이유

상술한 것처럼 군산의 벚꽃과 부안의 벚꽃은 다소 느낌이 다른 면이 있고 각각의 장점이 있습니다. 그런데 꼭 벚꽃만이 아니라 여행 전반에 걸쳐 군산과 부안은 많이 느낌이 다르며, 하나씩 보면 뭔가 부족한 듯하지만 둘을 묶으면 서로 부족한 점을 보완하여 완벽한 여행지로 탈바꿈하게 됩니다.

군산(내륙)은 인프라가 풍부하고 먹거리가 풍부한 것이 장점이지만 자연환경이 부족하고 숙박 시설도 시티 뷰 위주로 좀 부족한 면이 있습니다. 반면 부안은 천혜의 자연환경과 이를 활용한 숙박 시설이 풍부하나 반대로 상점이나 먹거리 등은 부족합니다. 그래서 두 곳을 연계해서 여행하면 양쪽의 장점을 모두 취할 수 있죠.

특히나 두 곳은 새만금방조제라는 세계 최대의 방조제로 연결되어 있고 거기에서 선유도 등 고군산군도의 여러 섬들까지 연도교로 차량 진출이 가능하기 때문에, 군산-새만금·선유도-부안으로 이어지는 3색의 연계 여행을 할 수 있습니다.

고군산군도는 행정구역상으로는 군산으로 사실상 군산에서 가장 볼만한 자연 명소라고 할 수 있습니다. 그중 대표 섬인 선유도는 과거 '군산도'라고 불렸던 '원조 군산'으로 과거 육지와 연결되기 전부터 유람선을 통해 많은 사람들이 찾았던 여행 명소입니다. 여기에는 선유도를 중심으로 한 해안산책로인 구불8길과, 선유도와 장자도를 잇는 보행교인 장자교, 오르기는 험하지만 정상에서 고군산군도 최고의 뷰를 보여주는 대장도(대장봉) 등이 명소이며, 최근에는 섬 내에 여러 전망 좋은 카페와 음식점도 많이 생겼습니다.

* 고군산군도 : 군산시 남서쪽 약 50km 해상에 있는 선유도·신시도·무녀도 등의 50여 개의 섬으로 이루어진 제도. 대표 섬인 선유도는 과거에 '군산도'라 불렸는데, 내륙에 새로 군산시가 만들어지면서 이곳은 '오래된 군산'이라는 뜻으로 '고군산'이라 불림.

기타 연계 여행지를 살펴보면, 군산은 벚꽃 외에도 개항 도시로서 근대 아이템이 풍부한데 특히 1930년대 군산의 거리를 그대로 재현한 근대생활관이 유명한 군산근대역사박물관, 과거 철길 주변에 형성됐던 마을을 관광자원화한 경암동철길마을, 1945년 우리나라 최초로 문을 연 빵집인 이성당이 유명합니다. 그리고 군산이 원래 일제강점기 때 지어진 많은 근대건축물 등이 아직도 현존하고 있어 곳곳에 일본식 가옥이나 건축물 등을 많이 볼 수 있습니다.

그 외에 군산은 고려 말 최무선 장군이 왜구를 격퇴한 진포 대첩의 무대로, 이와 관련하여 퇴역한 군함이나 대포, 항공기 등을 전시한 진포해양테마공원이 조성되어 있습니다. 특히 군산은 전술한 바와 같이 다양하고 깊이 있는 맛집들이 많습니다. 앞서 언급한 커피나 빵 외에도 횟집, 중식당, 이탈리안을 비롯한 세계 맛집 등 다양한 요리의 전국적 맛집이 다수 있어 먹거리 선택의 폭이 넓습니다.

* 진포 대첩(1380) : 고려 우왕 때 최무선이 이끈 고려 수군이 군산 앞바다에서 왜구를 상대로 크게 승리한 해전. 이때 우리나라에서 최초로 화약 무기(화포)가 사용됐는데 이는 세계 해전사에서 처음으로 화포가 사용된 전투라고 함.

부안은 자연환경 쪽에 강점이 있습니다. 변산에서부터 줄포만까지 이어지는 해안선을 따라 여러 해수욕장과 항구, 염전 등이 있고, 이러한 자연환경을 활용한 전망대, 해안 도로, 숙박 시설 등도 풍부하게 갖춰져 있습니다. 거기에 채석강 등 중생대·신생대 지형을 살펴볼 수 있는 전북 서해안 국가지질공원과 유채꽃 명소인 수성당,

그리고 앞서 소개한 내소사·개암사 등 천년고찰 산사까지 있어 자연환경 쪽은 상당히 강점이 있습니다. 다만 먹거리는 바지락칼국수·백합죽 등 해산물 쪽에 집중되어 있고, 가장 유명한 내소사·개암제 쪽에 가도 상점·음식점 선택이 좀 제한적인 부분이 아쉽습니다.

* 전북 서해안 국가지질공원 : 전북 부안·고창군에 걸쳐 있는 원생대부터 신생대까지의 암석 및 퇴적물 지질층 등으로 2017년 국내에서 10번째로 국가지질공원으로 지정되었음.

위치

추천 시즌 · 4월 초순(벚꽃 개화 시기)

연계 여행지

- (군산) 경암동철길마을, 군산 근대역사박물관, 이성당
- (선유도) 구불8길, 선유도해수욕장, 장자도, 대장봉
- (부안) 개암제, 수성당, 변산해변로 드라이브, 채석강

교통

- [은파] 서울시청에서 218km, 익산역에서 28km
- **(익산역-군산역)** 무궁화호 등 1일 15회, 편도 20분
- **(서울-군산터미널)** 강남터미널에서 고속버스 편, 15~40분 간격 수시 운행, 편도 2시간 30분
- [내소사] 서울시청에서 266km, 정읍역에서 30km
- **(서울-부안터미널)** 강남터미널에서 고속버스 편, 1일 13회, 편도 2시간 50분
  *광주에서 1일 3회, 전주에서 15회 있음
- **(부안T-내소사)** 부안터미널에서 시내버스 편, 1일 20회, 편도 50분
  *버스 편 문의 : 부안군 건설교통과 / 063-580-4191

먹거리

- (군산) 이성당, 산타 로사·미즈카페 및 선유·장자도 해안 카페, 금동·비응항 등의 횟집
- (부안) 바지락칼국수, 백합죽(이상 향토 음식)

군산 근대역사박물관

군산 경암동철길마을

부안 수성당

부안 채석강

제 8화 제주도에서 단 하나를 고른다면, '오름'

제주도에서만 볼 수 있는 화산 지형, '오름'

제주는 우리나라에서도 가장 여행으로 특화된 고장입니다. 본토와는 다른 기후에서 나오는 이국적 풍경과 한라산 폭발로 만들어진 독특한 지형, 큰 바다와 산이 만들어내는 변화무쌍한 자연환경 등으로 타지와는 아주 다른 여행감을 선물하죠. 이런 이국적 느낌은 외국인들도 다르지 않은데, 특히 중국인들에게는 진시황의 명으로 서복이 불로초를 찾아 당도했던 신비의 섬이라는 고사까지 있어 더 관심을 끌고 있습니다.

* 주) 제주 서귀포의 지명 자체가 서복과 관련이 있는데, 서복이 본국인 서쪽으로(西) 돌아간(歸) 포구(浦)라는 뜻에서 지어진 이름이라고 합니다.

이 책을 준비하면서 이렇게 '여행 맛집'인 제주에서 과연 '원픽'은 무엇으로 해야 할지 고민을 했습니다. 책 테마에 맞게 내·외국인 모두에게 소개할 만한 곳, 특히 제주에서만 보고 느낄 수 있는 곳은 어디일지 고민했고 그 결과 골라낸 것이 바로 **'오름'** 입니다.

오름은 한라산을 제외하고 제주도에 있는 여러 작은 산들을 말합니다. 제주도 자체가 한라산 폭발로 만들어진 화산섬이기 때문에 이 오름들 역시 작은 화산이고 구체적으로는 한라산 주변에 있는 기생 단성화산입니다. 우리나라의 화산섬은 제주도 외에 울릉도·독도가 있지만, 이렇게 많고 다양한 오름이 있는 곳은 제주 밖에 없습니다. 우리나라를 넘어 세계에서 가장 많은 기생화산이 있는 곳이 바로 한라산의 제주입니다.

* 단성화산 : 단 한 번의 폭발로 명을 다한 화산.

오름이 일반 산과 다른 점

뭐 그냥 똑같은 작은 산인가도 싶지만 오름은 일반 산과는 여러 가지로 다릅니다. 우선 오름은 화산으로서 ▲보통 분화구(굼부리)를 갖고 있습니다. 한라산 백록담처럼 정상에 분화구가 있거나, 아니면 용암 유출 등으로 분화구 주변 한쪽이 깊게 파여 있죠. 이러한 광경은 화산들이 아닌 일반 산에서는 볼 수 없는 오름만의 뷰입니다.

* 주) 점성이 강한 용암이 분화구 주변에서 그대로 굳어버리는 경우도 있는데 이 경우 눈에 띄는 분화구 모양이 나오지 않고 원추나 종 모양의 오름이 됩니다. 제주의 오름들 중 약 27.7%(102개)가 이런 경우에 해당하며 대표적인 것이 제주 서남부에 있는 명소인 산방산입니다.

이런 형태를 갖는 (대다수의) 오름들은 ▲정상 주변에 둘레길이 형성되어 있는 게 특징입니다. 보통의 둘레길이라고 하면 산자락에 있는 게 보통인데, 오름의 둘레길은 정상 부근에 있는 것이죠. 그러다 보니 둘레길 양쪽 옆으로 탁 트인 시야를 보여주는 경우가 많습니다. 이러한 '양쪽 전망'은 산의 경우에는 정상과 정상을 연결하는 능선에서나 볼 수 있는 게 보통인데, 오름의 경우에는 15~30분 정도만 올라가도 이렇게 '산 정상급' 전망을 볼 수 있게 됩니다.

▲오름마다 생김새가 천차만별이고 그중 상당수가 다른 것들과 구분되는 뚜렷한 아이덴티티를 갖고 있는 것도 특징입니다. 하나하나가 독특한 특징으로 가지고 있는 경우가 많다는 것이죠. 예컨대 아래 소개할 다랑쉬오름의 경우, 거의 원형에 가까운 꽤 높이가 있는 산체에 상당히 깊은 화구호가 파여 있는 형태가 바로 떠오릅니다.

제주 전체에 368개의 오름이 있는데 그 모습도 제각각입니다. 형태만 보면 말굽형·원추형·원형·복합형 4가지로 구분됩니다. 높이(표고)도 천차만별로 한라산 정상 근처에 가야 볼 수 있는 오름이 있는가 하면 해안가 바로 앞에 솟아난 오름들도 있습니다. 오름의 실제 높이(비고)도 높은 곳은 300m가 넘지만 낮은 곳은 겨우 6m 밖에 안 되기도 합니다(가메창오름; 비고 6m). 오름 중 9개는 정상 부근에 화구호가 있는데 이 역시 모양새가 천차만별이라 산정호수 같은 꽤 큰 호수가 있는가 하면(사라오름), 화구호가 습지인 경우도 있고(물영아리 오름), 사찰의 정원 같은 연못으로 쓰이고 있는 곳도 있습니다(원당봉).

* 표고 : 해수면을 기준으로 하여 수직으로 잰 높이(≒해발).
* 비고 : 낮은 곳과 높은 곳의 높낮이 차이.
* 화구호 : 화산의 분화구에 물이 고여 생긴 호수.

무엇보다 오름의 높이가 최대 350m 정도에 불과해, ▲보통 15~30분 정도만 오르면 정상에 닿을 수 있는 게 매력입니다. 그래서 산행에 취미 없는 분들도 큰 어려움 없이 정상에 오를 수 있죠. 등반 시간도 적어서 하루에 3~4개의 오름을 섭렵하는 것도 충분히 가능합니다.

오름 BEST 5

다음과 같은 조건을 최대한 반영하여 Best 5 오름을 골라 봤습니다.

▲산에 취미가 없는 분도 충분히 오를 수 있는 평이한 곳
▲고도(표고)가 높지 않고 접근성이 좋은 곳
▲글 작성 현재(2023.6) 입산 통제가 되지 않은 곳
▲비고가 매우 낮거나 접근성이 너무 좋아서 전혀 등반의 느낌이 들지 않는 곳은 제외

* 주) 훼손 정도가 심하거나 사유지인 이유 등으로 현재 입산 통제가 되고 있는 오름들이 적지 않습니다. 과거 오름들 중 최고의 인기를 자랑했지만 현재는 통제로 갈 수 없는 용눈이오름 같은 경우입니다.

따라비오름 (지조악; 비고 107m, 표고 342m)

따라비오름은 3개의 분화구가 하나의 산체를 이루고 있어 다른 오름들과는 독특한 구조를 갖습니다. 분화구 사이에 있는 능선길은 나무 하나 없는 초지여서 360도 오픈된 시원한 뷰를 보여줍니다.

특히 이곳은 새별오름과 함께 가을에 억새의 명소로 유명합니다. 보통 내륙의 억새 명소들이 정선의 민둥산(1,117m) 같이 상당한 고지대에 있는 것과 달리, 짧은 등반으로도 360도 전망의 고지대 뷰를 누릴 수 있습니다. 한편 이곳은 봄에도 방문할 이유가 충분한데, 오름 주변에 있는 녹산로는 길을 따라 유채꽃과 벚꽃이 동시에 쭉 피어 있는 장관을 볼 수 있는 환상의 드라이브 코스입니다.

입구에서부터 정상까지는 편도 25~30분으로 두 개의 갈림길이 있는데, 왼쪽 길은 경사가 좀 있고 오른쪽 길은 좀 돌아가지만 완만하므로 오른쪽 길로 올라가서 정상 주변의 능선길을 한 바퀴 도는 걸 추천 드립니다. 따라비의 능선길은 그럴 만한 가치가 충분합니다.

다랑쉬오름 **(월랑봉; 비고 227m, 표고 382m)**

분화구가 달처럼 둥글다고 하여 '다랑쉬'라는 이름이 붙은 다랑쉬오름은 '오름의 랜드마크' 또는 '오름의 여왕'이라 불립니다. 그도 그럴 것이 분화구의 깊이가 한라산 백록담과 같은 115m나 되고 둘레가 1.5km에 달할 정도로 거대하며 그 모양도 거의 원에 가까울 정도로 예뻐서 오름의 전형적인 모습을 보여줍니다.

오름의 규모도 최상급으로 큽니다. 분화구가 커서 정상 둘레길을 한 바퀴 도는 데에만 30분 가까이 걸립니다. 높이(비고)도 높아서 227m로 오름 중에 7번째이며, 출입이 불가능하거나 높은 곳까지 차량 진입이 가능한 경우를 빼면 높이로 TOP3에 들어갑니다. 그럼에도 불구하고 해발로는 아주 낮은 위치에 있어서 접근성까지 좋아 오름 탐방으로는 1순위를 다툽니다.

사실 다랑쉬는 산을 즐기지 않는 분들께는 다소 힘든 오름입니다. 꼬박 30분 가까이 올라서 둘레길을 30분 걸려 돌아야 하는 왕복 80~90분의 산행 못지않은 코스입니다. 그럼에도 불구하고 아찔할 정도로 깊이 파인 거대하면서도 잘 생긴 분화구와, 한라산과 해안이

양쪽으로 다 보이는 탁 트인 전망의 둘레길은 이곳이 왜 오름의 여왕인지 충분히 느끼게 합니다.

금오름 **(금악; 비고 178m, 표고 428m)**

앞서 언급했듯이 368개의 오름 중에 정상에 화구호가 있는 오름은 딱 9개뿐(2.4%)입니다. 이중 3개 오름은 현재 입산마저 통제되어 있는 상태로(물장오리오름·물찻오름·동수악), 입산이 가능한 6개의 오름들 중 가장 유명하고 접근성도 좋은 곳이 바로 금오름입니다.

금오름의 정상 화구호는 금악담(왕매)이라 불리는데 가히 '소백록담'으로 부를 만합니다. 수량은 적은 편이지만 가뭄에도 절대 마르지 않는다고 하며, 환경단체의 조사에 따르면 여기에 멸종위기야생동물 2급인 맹꽁이도 300여 마리 서식한다고 합니다. 금악담 앞에까지 내려가 볼 수 있으며 주변에는 변변한 나무나 깊은 수풀도 없이 시야가 확 트여 있어 마치 백록담에 온 듯한 느낌을 줍니다. 멀리 제주 서쪽 바다까지 보이는 전망은 덤입니다.

이곳은 TV 예능에 나오면서 유명해져서 제주 서쪽의 대표 오름이 되었습니다. 정상까지 계단 하나 없이 포장되어 있어 슬리퍼 등반은 물론 차량 진입까지 가능할 지경입니다. 현재는 차량 진입까지는 통제되고 있는 것으로 보이지만, 입구에서 약 15분 남짓만 포장된 길을 오르면 정상부 능선까지 닿을 수 있는 아주 평이한 길입니다.

성산일출봉 **(비고 174m, 표고 179m)**

'명불허전'. 제주 전체에서도 0순위 여행지인 성산일출봉은 너무나 잘 알려져서 신선한 맛이 덜하지만 형태나 경관 등 모든 면에서 다른 오름들을 압도합니다. 직경 600m의 거대한 분화구는 다랑쉬오름처럼 동그랗게 잘 생겼고 깎아놓은 듯한 절벽으로 밖에서 보면 마치 '성(城)' 같다 하여 '성산(城山)'입니다. 이 모습은 시야가 트인 곳이라면 제주 동부 어디에서도 바로 알아볼 수 있을 정도로 독특합니다.

또 이곳은 일출의 명소라 하여 '일출봉'인데 이 광경은 제주의 경관 중 으뜸으로 꼽힙니다(영주 10경). 또한 성산일출봉은 소머리오름, 송악산, 수월봉과 함께 해수면에서 가장 가까운 오름으로 바다를 끼고 있는 전망이 훌륭하며, 특히 성산포에서 광치기해변을 거쳐 고성리로 이어지는 육계사주를 바라보는 전망은 가히 일품입니다.

* 영주 10경 : 제주에서 경관이 빼어난 10곳을 선정한 것으로 '영주'는 제주의 옛 지명. 사마천의 「사기」 진시황본기에는 '바다에 봉래(蓬山), 방장(方丈), 영주(瀛洲)라는 삼신산에 신선이 살고 있다'라는 언급이 있는데 여기에서 비롯됨.

* 육계사주 : '사주'는 해안의 모래가 퇴적되어 생긴 막대 모양의 모래톱 지형인데, 이 사주가 성장하여 섬과 육지를 이을 경우 이를 '육계사주'라 함. 원래 성산일출봉도 제주 본섬과 떨어진 화산섬이었는데 나중에 이어진 것임.

바다에 침식된 절벽을 오르다 보니 경사가 제법 있어서 오르는 데 힘이 들기는 하나, 계단이 잘 정비되어 있어 위험하지는 않으며 편도 30분 정도 오르면 정상에 닿을 수 있습니다. 만약 오르기 힘들다면 왼쪽의 무료 해안 탐방로를 통해 주변을 산책하면 됩니다.

군산오름 **(굴메; 비고 280m, 표고 335m)**

오름이 아무리 규모가 작다고 하지만, 힘들까 하여 마음에 내키지 않는 분들도 계실 텐데 이런 분들께 최적인 오름이 군산오름입니다. 정상에서 도보 10분 이내, 거리로는 불과 200m도 안 되는 곳까지 차량으로 진입이 가능하기 때문입니다. 주차장의 해발 높이는 280m 정도로 정상과의 높이 차이도 불과 40여 m 밖에 안 됩니다.

그렇다고 이 오름이 오르나 마나 한 작은 오름도 아닙니다. 오히려 규모(면적)로는 제주의 오름들 중에 가장 크며(283.7만 ㎡), 높이(비고)도 280m로 다랑쉬오름보다 훨씬 더 높이 솟아 있는 최상급 규모의 오름입니다. 남쪽으로는 바다와 직선거리 2km로 시원한 바다 조망이 되고 서쪽으로도 해안까지 다 보여 일몰의 명소로 손꼽힙니다. 역시 서쪽으로는 제주 서부의 랜드마크인 산방산이, 북동쪽으로는 한라산까지도 보여 뷰로도 최상급으로 손색이 없습니다.

다만 이곳의 주차장은 채 20여 대도 수용 못할 정도로 좁기 때문에, 성수기 특히 일몰 시간 즈음에 가면 주차부터 골머리를 앓을 수 있습니다. 그리고 진입로가 매우 좁아 차량이 몰릴 때에는 치킨게임을 해야 하며, 그렇게 다른 차를 비켜주다가 차량에 흠집을 낼 가능성도 있으니 주의를 요합니다. 렌터카를 쓰실 거면 자차보험 충분히 들고 가급적 차고(車高) 높고 힘도 좋은 4WD SUV를 이용하는 게 좋습니다.

가능하면 한라산 안에 있는 오름도 추천

위에서 편의성이나 접근성을 고려하여 Best 오름들을 소개했지만, 한라산 국립공원 안에 있는 높은 곳의 오름도 가보시길 추천합니다. 역시 제주도라면 한라산이고 그걸 빼놓고 오름만 다니는 건 코스 요리에서 메인 요리를 안 먹고 나오는 것과 다를 바 없습니다.

윗세(붉은)오름(1,740m)은 오름들 중 표고로는 3번째이지만 실질적으로 답사가 가능한 것으로는 가장 높은 위치에 있습니다. 한라산 등반 5개 코스 중 영실과 어리목 코스로 가게 되는데 이들 코스는 5개 코스 중 제일 평이하며 등반 예약도 필요 없습니다. 어느 코스로 가든 진달래·철쭉의 봄꽃과 가을 단풍, 겨울 설경이 모두 일품입니다. 영실 코스로 가면 주차장에서 윗세오름까지 편도 1시간 30분, 정상 남벽 탐방로까지 추가로 편도 1시간입니다(백록담 쪽으로는 진입 불가).

만세동산(1,606m)은 윗세오름으로 가는 어리목 코스의 랜드마크입니다. 여기는 그야말로 고상낙원입니다. 마치 백두산 개마고원처럼 높은 곳에 드넓은 초지가 펼쳐지고 그 아래로는 제주의 전망이 쭉 깔립니다. 사제비동산(1,424m)까지만 오르면 그 뒤로 만세동산을 거쳐 윗세오름까지 가는 길은 마치 꿈길이나 다름없습니다. 영실로 올라가서 어리목으로 내려오는 코스로 계획하면 좋을 것 같습니다.

사라오름(1,325m)은 탐방 가능 오름들 중 가장 큰 화구호를 가지고 있는데 둘레가 250m나 되고 깊이는 평상시에도 성인 허벅지 정도일 정도로 수량이 많습니다. 해발 13부 이상의 고지에 있어 포천의 산정호수와는 비교도 안될 정도로 진짜 '산정(山井)' 호수입니다.

다만 여기는 접근성이 상당히 좋지 않은데, 성판악주차장에서 편도 6.3km의 '산행'을 해야 닿을 수 있으며 그마저도 미리 한라산탐방 예약(성판악 코스)을 해야 갈 수 있습니다. 하지만 사라오름에서 3.8km 더 가면 백록담까지 갈 수 있기에 한라산 등정 중에 많이 찾는 곳입니다. 주차장에서 사라오름까지는 편도 2시간, 사라오름에서 한라산 정상까지는 2시간 반 이상 잡아야 하며, 백록담까지 가려면 입산통제 때문에 적어도 사라오름에 정오 전에 들어가야 해서 일찍부터 움직여야 합니다.

어승생오름(어승생악, 1,169m)은 규모(면적)와 높이(비고) 모두 제주도에서 TOP2인 오름으로, 정상에는 9개밖에 없다는 화구호도 있고 한라산의 비경도 조금이나마 맛볼 수 있는 제주 오름의 종합 선물세트입니다. 주차장인 어리목휴게소의 해발 높이가 1,000m 가까이 되고 거기에서 약 1.1km만 올라가면 되기 때문에 접근성이 상당히 좋고 난이도도 낮습니다.

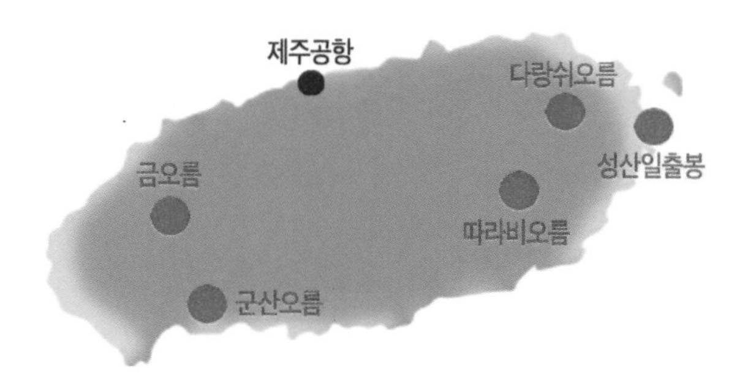

추천 시즌	· 5월 말~6월 초(한라산 철쭉) / 10월(억새)
연계 여행지	· (제주 동부) 섭지코지, 보롬왓, 비자림 · (제주 서부) 수월봉, 항공우주박물관, 신창풍차해안 · (제주 남부) 용머리해안, 송악산 올레길, 정방폭포, 소천지, 마라도, 가파도
교통	· **(따라비)** 제주공항에서 41km, 버스 없음 · **(다랑쉬)** 제주공항에서 38.6km, 대천환승센터에서 810-1번, 30분 간격, 편도 20분 · **(금악)** 제주공항에서 30.8km, 동광환승센터에서 783-1번, 1일 5회, 편도 11분

· **(성산)** 제주공항에서 49.9km, 공항에서 급행 111·112번, 35~40분 간격, 편도 90분

· **(군산)** 제주공항에서 39.2km, 공항에서 급행 182번, 40~50분 간격, 편도 50분

*버스 편 문의 : 제주공영버스(783-1) / 064-728-3211
제주관광순환버스(810-1) / 064-746-7310

먹거리

· 흙돼지, 옥돔구이, 몸국, 고사리육개장(이상 향토 음식)

섭지코지

보롬왓

수월봉

정방폭포

소천지

제9화 이순신의 바다(1) - 한산 대첩의 통영 '한산도'

* 이번 이야기는 여행지의 스토리가 된 이순신의 승리 이야기도 곁들여 써 봅니다.

이순신, 그 자체로 전 세계 일류 브랜드

이순신은 세종대왕과 함께 우리나라 국민들이 가장 존경하는 위인입니다. 그냥 영웅 정도가 아니라 '성스러운 영웅(성웅)'인 유일한 사람이죠. 그래서 영화나 드라마에서 많이 다루지만 그만큼 더 극의 전개가 어려운 것이 바로 이순신입니다. 전 국민이 어렸을 때부터 너무나 많이 들어서 알고 있는 까닭입니다.

그런데 우리는 생각보다 이순신을 잘 모릅니다. 죽은 공명이 산 중달을 이겼다는 그 유명한 제갈공명도 사실 이순신의 전략과 업적에는 단연코(!) 미치지 못합니다. 이순신은 적어도 ▲수백 년은 앞선 해상 전술을 실전에서 선보였고, 그걸로 ▲23전 23승 무패의 신화를 만들었으며, 그냥 승리 정도가 아니라 ▲800:0 의 압승을 거뒀으니, 이 정도면 우리나라뿐 아니라 전 세계에서 사례를 찾기 힘들 정도의 전쟁 영웅입니다. 이는 절대 '국뽕'이 아닙니다.

상술하면 이순신은 기본적으로 함대함 포격전이라는 현대적 해상 전술을 이미 400여 년 전에 구사했고, 특히 부산포 대첩에서 선보인 함대지 포격전, 즉 해상 함대가 육지의 본진을 선제 타격하는 전투 방식은 적어도 19C 전에는 상상도 못할 전술이었습니다. 이를테면 석기시대에 손자병법을 구사한 정도로 넘사벽 전술을 썼던 셈입니다.

* 부산포 대첩(1592) : 이순신의 3대 대첩 중 하나로, 토요토미 히데요시의 '해전 금지령'에 따라 부산 본진에 머물러 있던 일본군의 함대를 이순신의 함대가 선제 타격한 전투. 이순신의 전투 중에서도 최다인 일본군 전선 128척을 침몰시켰고 일본의 전쟁 의지를 완전히 꺾었음. 부산에서는 승전일인 10월 5일(양력 환산)을 '부산 시민의 날'로 기념하고 있음.

그 결과 23번의 전투 동안 (공식 기록만) 800여 척에 가까운 왜선을 박살내면서 아군의 피해는 '0'인 거의 SF 소설급의 전공을 올렸습니다. 명량 대첩에서는 아예 이순신의 대장선 1척이 혼자서 울돌목의 급물살을 역류로 받아가며 300여 척의 왜선을 2시간 동안 상대하는 불가사의에 가까운 무용을 보여줬습니다.

한산도 충무사의 이순신 영정

이순신의 진가는 여기에 그치지 않습니다. 거북선이라는 세계 최초의 장갑선을 창안하여 개발한 ▲창의적인 과학자였고, 1만 명 이상의 병력과 수군을 중앙 정부 지원 하나 없이 자급자족으로 운영하며 오히려 중앙 정부에 상납까지 한 ▲탁월한 경영자였으며, 전란으로 황폐화된 민심을 바로잡고 민중의 항전 의지까지 되살린 ▲목민관이자 정치가였습니다. 사후 조선왕조실록에 '호남 일도(一道)의 사람들이 모두 통곡했다'라고 기록할 정도였으니 말 다했죠.

* 거북선(龜船) : 조선 태종 때인 1413년에 이미 '귀선(龜船)'이라는 용어는 쓰이고 있었는데 이는 배 위 일부에 철갑을 둘러 적의 화공을 막는 정도였을 것으로 보이며(이러한 형태마저도 서방세계에서는 1782년에야 등장), 이순신은 이를 개량하여 △배 위에 철제 송곳을 박아 적이 배에 올라타는 것을 봉쇄하고, △거북 머리에서 전방 방향으로 화포를 쏘아 돌격하면서 전투를 할 수 있게

하였으며, △기존 판옥선의 튼튼함에 철갑을 더하여 적의 화공과 조총 공격을 무력화하는 최전방 돌격용 장갑선으로 개발하였음. 서방 세계에서 거북선 같이 철갑을 두른 장갑선 형태가 나온 것은 미국 남북전쟁 때인 1862년으로, 이순신의 거북선은 이보다 270년이나 빠른 것임.

무엇보다 국가로부터의 지원은커녕 오히려 모함을 받아 쫓겨난 상태에서, 칠천량 해전에서 전멸하다시피 한 수군을 이끌고 30배에 가까운 적군을 상대하고 결국 전장에서 목숨까지 바친 ▲최고의 충신이자 인격적 성인이었습니다. 그래서 인조·효종·정조 등 후대의 여러 왕들도 이순신의 업적을 크게 평가하였는데, 숙종은 '殺身殉節 古有此言 身亡國活 始見斯人(절개를 지키려 죽음을 무릅썼다는 말은 예부터 있었으나 제 몸 죽여 나라를 살린 것은 이 사람에게서 처음 본다)'라는 현충사의 제문을 직접 써서 사액(賜額)할 정도였습니다.

* 칠천량 해전(1597) : 이순신 파직 후 삼도수군통제사가 된 원균이 지휘한 조선 수군이 칠천량에서 왜군에게 대패한 사건. 그 결과 거북선 3척 포함 대부분의 전투선을 잃고 수군 전체가 사실상 와해되어 뿔뿔이 흩어지고 말았음.

알면 그만큼 더 많이 보인다고 하죠. 전국에 이순신 관련 여행지가 여럿 있으나 사실 많은 국민들은 이들을 매력적인 곳으로 보지 않는 게 보통입니다만, 이순신을 좀더 깊이 이해하고 가서 돌아보면 더욱더 그곳에서 영감을 받고 의미 있게 여행할 수 있게 됩니다. 특히 외국인들에게는 그동안 전혀 몰랐던 세계 최고의 해군 영웅의 진면모를 볼 수 있는 기회가 될 것입니다.

한산대첩기념비

한산도 제승당의 '수루(戍樓)'

거북선 모형 (통영 도남관광단지)

한산도 앞바다의 '거북선등대(한산항등표)'

한산 대첩 - 한산뿐 아니라 임진왜란 전체의 승리를 꾀한 '신의 계책(神策)'

세계 4대 해전이라는 말은 사실 명확한 근거가 없습니다. 과거 영국 해군이 가르치던 세계 3대 해전에 한산 대첩이 포함된다는 것인데, 세계 3대 해전이라는 것 자체가 서구, 특히 영국 중심의 가치관이 반영된 것이고 여기에 한산 대첩이 포함됐다고 하는 것도 국내에서 주로 통용될 뿐 세계적으로 공유되고 있는 사실은 아닌 것 같습니다.

* 세계 3대 해전 : 살라미스 해전(BC480, 그리스vs페르시아), 칼레 해전(1588, 영국vs스페인), 트라팔가 해전(1805, 영국vs프랑스-스페인).

그렇다 하더라도 상관없습니다. 한산 대첩은 충분히 그들과 동급, 아니 그 이상으로 놓아도 전혀 손색없는 대승리이기 때문입니다. 한산 대첩을 통해 일본의 수륙 병진 전략은 완전히 봉쇄되었고 결국 보급이 끊긴 일본은 패퇴할 수밖에 없었습니다. 임진왜란에서 조선이 승리한 결정적 계기가 된 전투였던 것입니다. 또한 주로 육지전에서 쓰였던 학익진을 해상에서 처음으로 그것도 완벽하게 전개하여 군사학적으로도 큰 족적을 남긴 전투였고, 전선 69척을 침몰 또는 나포하고 9,000명에 가까운 적군을 몰살시키면서 아군의 피해는 사망 3명에 그친 압승을 거둔 대첩 중의 대첩이었다고 할 수 있습니다.

* 학익진(鶴翼陣) : 말 그대로 '학이 날개를 펴는 모양'으로 적을 둘러싸는 진법.

더 대단한 것은, 해전에서 학익진을 쓰는 것 자체도 당시로서는 상상도 못할 전술이었지만 열세의 병력을 가지고 더 많은 적군을 상대로 학익진을 펼친다는 것도 병법 상 말도 안 되는 시도였다는 점입니다. 왜냐하면 소수가 다수를 포위한다는 것은 불가능하기 때문입니다. 원래 학익진은 다수의 병력이 소수를 완전 섬멸할 때 쓰는 진법입니다. 그런데 이순신은 해상에서 제자리 선회가 가능한 판옥선의 특징을 이용하여 막강 화포의 위력으로 이를 극복해냈습니다. 이순신은 남들이 다 불가능하다고 하는 것을 머릿속에서 이런 시뮬레이션을 다 끝내 놓고 전투에 임한 것입니다.

결정적으로 한산 대첩이 벌어진 것 자체가 이순신의 지략이 빛을 발한 것이라고 볼 수 있습니다. (한산 대첩 기준으로) 60척도 안 되는 전선으로 500여 척이 넘는 일본 함대를 전면적으로 상대하는 것은 불가능하였고 그래서 초기에는 정탐을 통한 소규모 섬멸의 유격전 방식으로 일본군을 섬멸했는데, 견내량에 적선 70여 척이 있다는 첩보를 입수하고 작정하고 적을 꾀어내어 완전 분멸을 시킨 전투입니다. 당시 일본은 우리 수군의 규모를 정확히 몰랐으며 이런 대규모 전투에서도 완벽한 섬멸을 당하자 아예 조선 수군과 싸울 의욕조차 잃어버리고 토요토미 히데요시는 '해전 금지령'을 내리기에 이릅니다. 이것이 이순신이 노린 바였던 거였죠. 단순히 하나의 전투뿐 아니라 임진왜란 전체의 승리를 기획한 것입니다. 가히 제갈공명을 엎어치기할 수준의 전략입니다.

한산도 앞바다는 바로 한산 대첩의 승전지입니다. 견내량을 틀어 막고 적을 막을 수도 있었지만 보다 적에게 큰 피해를 주기 위해 한산도 앞까지 유인하여 학익진으로 TKO승을 거뒀습니다.

* 견내량 : 현재 통영과 거제를 잇는 거제대교 앞의 해협.

천혜의 수군 요새, 통영 '한산도'

한산도에 있는 제승당(制勝堂)은 이순신이 삼도 수군 전체를 지휘하는 삼도수군통제영을 최초로 두었던 곳입니다. 원래 이순신은 본인의 집무실에 '운주당(運籌堂)'이라는 이름을 붙였는데 이는 사마천의 '사기' 고조본기에서 유방이 책사 장량을 가리키며 말한 '운주책유악지중(運籌策帷帳之中, 군막 안에서 계책을 짜다)'에서 비롯된 이름입니다.

* 관련 고사 : 한 고조 유방이 공신들에게 천하를 얻은 이유를 설명하면서, '군막 안에서 계책을 짜는 것이라면 나는 장량만 못하고, 국가를 안정시키고 백성을 다독이고 먹을 것을 공급하는 것이라면 나는 소하만 못하며, 싸웠다 하면 승리하고 공격하여 취하는 것이라면 나는 한신만 못하지만, 나는 이들을 기용할 수 있었고 그래서 천하를 얻은 것이다.'라고 말하였음('사기' 권8, 고조본기 中).

그러나 칠천량 해전 때 통제영은 모두 불탔고 이후 1740년에 통제사 조경(趙儆)이 여기에 이순신의 사당을 지으면서 이름을 '제승당'이라 고쳤습니다. 말 그대로 '승리를 만드는 집'입니다. 현재 제승당은 행정구역 상 '한산면 두억리'로, 두억리라는 이름은 앞바다에 떨어진 왜군의 목이 억(億) 개는 된다는 뜻의 이름이라고 합니다.

통영에서 한산도로 배로 입항하면 제승당여객터미널에 도착하며 여기서부터 제승당 본 건물까지는 약 1km 도보길입니다. 이 도보길은 산책로로도 정말 훌륭하지만 더 눈에 띄는 것은 너무나도 잔잔하게 고요한 바다입니다. 날이 좋다면 파도는커녕 잔잔한 물결도 별로 일어나지 않을 정도입니다. 아래 지도를 보시면 알 수 있지만 바다가 깊게 안쪽까지 들어오는 형태라 오히려 바닷물이 섬으로 둘러싸여 있으며 그래서 이곳이 바다인지 호수인지 헷갈릴 지경입니다.

제승당 주변의 지형도
(출처: 국가공간정보포털 영상지도, http://www.nsdi.go.kr/lxmap/index.do#)

이렇게 걷다 보면 왜 이순신이 이곳을 (전쟁 중에) 통제영 본영으로 삼았는지 이해가 됩니다. ▲안쪽으로 움푹 파인 형태라 외부 바다에서 우리 군선이 눈에 띄지 않고, ▲파도가 상당히 잔잔하여 태풍 등 기상 악화에도 배와 군사를 보호할 수 있으며, ▲만(灣) 형태가 꽤 면적이 넓고 주변에도 그런 곳들이 많아 많은 배를 정박시킬 수 있고, ▲섬의 크기도 큰데다가(14.7㎢, 여의도 5배) 경작지도 넓고 하천도 있어서 최악의 경우 육지에서 고립되었을 때에도 어느 정도 자립 및 항전이 가능해 보입니다. 역시 이순신의 탁월한 지략에 감탄할 수밖에 없습니다.

한산도의 다른 볼거리들

박정희 대통령 시절인 1976년에 제승당은 '통영 한산도 이충무공 유적'으로 성역화되고 여러 건물들이 복원되었는데 가장 대표적인 것이 바로 '수루(戍樓)'입니다. 이순신이 지은 유명한 '한산도가(閑山島歌)'에 나오는 '한산섬 달 밝은 밤에 수루에 홀로 앉아(閑山島月明夜上戍樓)'라는 구절에 나오는 그 수루입니다.

또 하나는 이순신을 모신 사당 충무사입니다. 전국에 이순신을 모신 사당은 여러 곳이 있지만, 이중 가장 대표 격이라고 할 수 있는 게 숙종의 어명으로 세워진 아산 현충사와 이순신의 본영이 있었던 이곳의 충무사가 아닐까 합니다.

경내에는 한산정이라는 이순신이 활쏘기 연습을 했던 수련장이 있습니다. 과녁판은 바다 건너 145m 지점에 있는데, 이렇게 바다 건너 활쏘기를 할 수 있는 곳은 이곳 외에는 거의 드물다고 합니다.

거북선 모양을 활용하여 20m 높이로 지어진 한산대첩기념비는 제승당으로부터 자동차로 20분 거리(10km)에 있습니다. 하지만 직선거리로는 700여 m 밖에 안 되어 제승당에서도 육안으로 보입니다. 육로로 가는 길이 멀기 때문에 이곳을 보기 위해서는 한산도에 카페리를 통해 자동차를 가져오셔야 할 것입니다. 이 기념비 역시 박정희 대통령 때 세워졌습니다(1979).

기념비의 입구 마을 이름은 '문어포(問語浦)'인데, 한산 대첩 당시 패주한 왜군 일부가 이곳에서 도망가는 길을 물었다고 하여 이 이름이 붙었습니다. 기념비로 오르는 길의 문어포 주변 경치가 정말 좋아 마치 전망대 같습니다. 다만 이 주변의 주차 공간이 약 10대 정도밖에 안 되는 점은 감안하셔야 할 것 같습니다.

'수루(戍樓)'

한산도 충무사

한산정의 과녁판

문어포 (한산대첩기념비 입구)

제승당부터 해안길을 따라 동쪽으로 이어지는 한산일주로는 드라이브 코스로 정말 좋습니다. 왼쪽으로는 '한려수도'라 불리는 매력적인 바다가 이어지는데 바다만 보이면 전부 포토존일 정도입니다. 고저차도 거의 없는 곡선주로로 되어 있고 차량도 별로 없어 운전 난이도도 낮습니다. 본토의 통영보다 더 훌륭한 드라이브 코스입니다.

추봉도는 한산도에서 추봉교라는 연도교로 이어진 섬입니다. 이곳에 있는 예곡마을·추봉마을 지역은 한국전쟁 당시 UN군 지휘사령부가 있었고 1만여 명에 달하는 공산포로들을 수용했던 포로수용소였습니다. 현재는 그러한 흔적이 거의 남아 있지 않지만 통영시가 이곳의 유적 정비사업을 추진하고 있습니다. 이와는 별개로 봉암해수욕장 주변은 몽돌로 된 해수욕장으로서 낚시꾼이 즐겨 찾는 곳입니다.

추봉도 추원마을

추봉도 봉암해수욕장(몽돌)

전의 글에서 단양을 중부권 최고 여행 맛집이라고 소개해 드렸는데 **통영**은 남부권 최고의 여행 맛집입니다. 일단 통영이라는 이름 자체가 '통제영'에서 따왔을 만큼 이순신 관련 여러 여행지가 있습니다. 세병관(국보 제305호)은 임진왜란 이후인 1605년에 (불타버린 한산도를 대신하여) 이곳에 삼도수군통제영을 새로 설치하면서 지은 건물로 그 규모가 정말 어마어마합니다. 경복궁 경회루, 여수 진남관과 더불어 우리나라에서 가장 큰 문화재 건축물이라고 합니다.

통영에서 연륙교로 연결된 미륵도로 들어가면 도남관광단지가 있는데 그곳에 거북선 모형이 전시되어 있습니다. 물론 재현이긴 하지만 그래도 우리나라에서 거북선 내부로 들어갈 수 있는 곳은 이곳이 유일할 것 같습니다.

한려수도 국립공원의 여러 섬들이 통영 또는 거제에서 연결됩니다. 통영에만 151개의 섬이 있다고 하는데 그중에서 천혜의 항구가 있고 우리나라 최고 유명 출조지 중 하나인 욕지도, 두 개의 섬을 잇는 550m의 양방향 해수욕장으로 유명한 비진도, 과거 '쿠크다스 섬'으로 불렸던 소매물도, 거제의 외도처럼 꾸며진 '동백의 섬' 장사도, 보덕암과 출렁다리 트래킹이 유명한 연화도 등 섬 여행만 해도 일주일은 족히 보낼 수 있을 정도입니다. 굳이 섬에 들어가지 않더라도 통영시내 곳곳에서 한려수도의 수려한 해안을 볼 수 있어 '한국의 나폴리'라는 별칭이 충분히 어울립니다.

통영 육지에도 여러 볼거리가 많은데 우리나라 벽화마을의 시조 격인 동피랑, 역시 초창기 케이블카로 유명세를 탔던 통영해상케이블카, 우리나라 최초의 해저터널인 통영해저터널, 루지 썰매로 다운힐 라이딩을 하는 스카이라인루지, 우리나라에서 드물게 진주만을 테마로 만들어진 통영명품진주전시관 등을 주목할 만합니다. 미륵도에 있는 통영국제음악당은 바다 바로 앞에 있는 것이 호주 시드니의 오페라하우스를 연상시킵니다.

더불어 통영시내 쪽은 부산, 여수와 더불어 남해안에서 가장 관광 도시로 잘 개발되어 있습니다. 통영대교와 충무교를 중심으로 한 시내 야경 등을 안주 삼아 밤에도 시내 관광을 하기에 충분합니다.

다만 우리나라 대부분의 유명 관광지가 그렇듯이 통영도 교통과 주차 문제가 상당히 심각한 편이어서 여행 시에 감안을 좀 하여야 합니다. 주말 아침에는 통영여객선터미널 진입부터 쉽지 않아, 특히 섬 여행을 가실 때에는 충분히 여유시간을 두고 움직이셔야 합니다.

위치

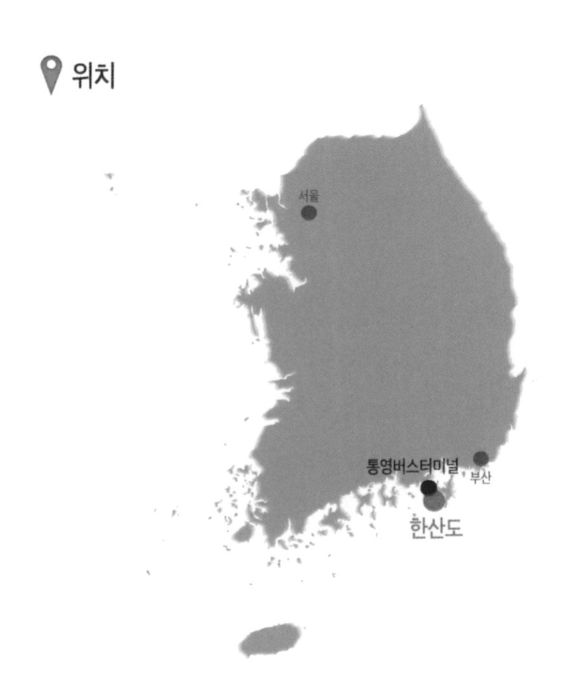

추천 시즌	· 8월 초·중순(한산대첩축제) · 3월 말~4월 초(통영국제음악제)
연계 여행지	· 세병관, 도남관광단지, 통영국제음악당 · 욕지도, 비진도, 소매물도 등 한려수도의 섬들
교통	· 통영여객선터미널에서 배편, 1일 18회, 편도 35분 *배편 문의 : 한산도여객선예약센터 / 1833-5880 · [통영여객선터미널] 서울시청에서 381.8km, 통영종합버스터미널에서 6.9km · **(서울-통영버스터미널)** 강남터미널에서 고속버스 편, 1일 15회, 편도 4시간 10분 *부산(서부) 수시 운행, 진주 1일 17회, 마산·창원 9회 *대구(서부) 1일 8회, 울산 7회, 대전 10회, 광주 4회 · **(통영버스-여객선)** 시내버스 편, 수시 운행, 편도 30분 *버스편 문의 : 통영시 관광안내소 / 055-650-0580
먹거리	· 도다리쑥국, 굴국밥, 충무김밥, 우짜(이상 향토 음식)

통영 세병관

거북선 모형의 내부 (통영 도남관광단지)

비진도

소매물도

명량 대첩 - 400여 년 동안 누구도 설명할 수 없었던 불가사의한 승리

이순신의 23전 23승은 치밀한 정탐과 완벽한 전략에 의한 것이었습니다. 옥포 해전 때 이순신 본인이 말했듯이 항상 '勿令妄動 靜重如山(망령되게 움직이지 말라, 태산과 같이 조용하고 무겁게 움직여라)'의 자세로 전투를 치렀고 그 계산은 한 번도 틀린 적이 없었습니다.

* 옥포 해전(1592) : 거제 옥포에서 왜군 50척 중 26척을 격침시킨 임진왜란 때 이순신의 최초 승리이자 조선군 최초의 승전.

그런 이순신도 셈이 나오지 않은 상태에서 명운을 걸고 싸운 단 하나의 전투가 바로 명량 대첩입니다. 칠천량에서 대패하고 그나마

남아 있는 단 13척의 배로 최소 300척 이상의 일본군을 막아낼 수밖에 없었던 상황이었습니다. 비율로 따지면 소위 '17대 1'이 넘습니다. 이순신도 승리 후 난중일기에서 '실로 천행(天幸)이었다'라고 표현했을 정도입니다.

더 놀라운 것은, 전 글에서도 잠시 언급했지만 개전 후 상당 시간 동안 이순신의 대장선 1척이 홀로 일본군 전체를 상대했다는 것입니다. 그것도 우리나라에서 최고로 물살이 세다는 울돌목(鳴梁)의 역물살을 받아가면서입니다. 울돌목 바닷물의 유속은 최대 22km/h에 이르는데 이를 초당으로 계산하면 6m/s나 됩니다. 눈 깜짝할 사이에 저 멀리 떠내려갈 정도의 이런 엄청난 물살에 노 젓고 버티고 서 있기도 어려운데 '133대 1'로 싸우면서 적선을 하나하나 박살내고 있었으니, 도대체 어떻게 승리를 했을지 가늠조차 되지 않습니다.

* 주) 기록에 의하면 왜선 300척 중 직접 참전한 전선은 133척이라고 하는데, 이는 명량수도가 좁아서 전군이 한꺼번에 참전하기 어려워서일 것입니다. 이렇게 적의 전력을 분산한 것도 이순신의 계산이었습니다.

일본군도 당시의 조류 상황을 읽고 기동력이 좋은 세키부네(関船) 함선 위주로 편성하여 울돌목의 빠른 물살을 순조류로 타면서 돌격했는데, 역조류를 받고 버티는 조선군의 판옥선 1척을 상대로 2시간 동안 제대로 공략조차 하지 못하고 되레 차례차례 격파 당했다는 것입니다. 상상이 되십니까.

명량대첩비

명량대첩탑 (해남 우수영관광지)

해남 충무사

명량 해전 당시 상황을 추정한 현대의 한 연구에 의하면, 이순신이 지휘하는 조선군은 오전 10시경에 출전하여 11시경부터 본격적으로 일본군과 교전을 했는데 이때 역류가 최고 4.1m/s에 달했을 것으로 추정된다고 합니다. 그리고 이 조류의 방향은 12시 18분경부터 서서히 바뀌어 오후 1시 이후부터는 조선군이 순조류를 타는 상황으로 역전됐는데, 이순신은 바로 이때를 승기로 보고 2시간 동안 역조건 속에서 버텼다는 얘기가 됩니다.

* 출처: <명량해전 당일 울돌목 조류·조석 재현을 통한 해전 전개 재해석>, 변도성·이민웅·이호정, 한국군사과학기술학회지 제14권(2011).

꿈보다 해몽이 좋다는 말도 있습니다만, 이순신은 이렇게 역류일 때 버텨내지 못하면 전투에서 아예 이길 수 없다고 생각하지 않았을까요? 역류일 때여야만 왜선들이 명량으로 돌격해 들어올 것이고 그래야만 적선과 전면전을 피하고 각개 격파할 수 있다, 그래야만 순류일 때 승부를 걸 수 있다고 생각하지 않았을까요?

너무나도 대단한 승리여서 어떻게 승리했는지 누구도 설명할 수 없고, 그래서 오히려 한산 대첩처럼 명확히 세계 해전사에 빛나는 전투로 인정받지 못하는 불가사의한 승리, 그것이 바로 명량 대첩입니다.

* 주) 일부에서 주장하는 철쇄설, 이른바 쇠사슬을 걸어 일본군을 저지했다는 것은, 설령 사실이라도 전투 초반에나 효과가 있었을 것으로 추정됩니다. 한번 쇠사슬에 걸려 왜선의 돌격이 저지당하고 그 뒤에 따라오던 함선이 서로 부딪쳤다 하더라도, 엄청난 물살을 순조류로 타고 부딪치는 수십 척 함선의 무게를 쇠사슬이 계속 버틸 수는 없었을 것입니다. 그리고 최소 폭 300m나 되는 명량 해협에서 앞의 배가 멈춘다고 그걸 바보 같이 계속 들이받을 리도 없었을 것이고 아마 후속 대열은 이를 피해서 돌격할 수 있었을 것입니다. 정리하면 철쇄는 (사실이라 하더라도) 명량 대첩의 승리의 결정적 이유는 아니라는 것입니다.

불가사의한 승리의 비결, '울돌목'의 빠른 물살

명량 대첩 승리의 원인은 아직 명쾌하게 밝혀지지 못하고 있습니다만 울돌목의 빠른 물살이 결정적인 역할을 했다는 것에 대해서는 이견이 있을 수 없습니다. 좁은 길목을 틀어막는다면 이곳보다 더 좁은 곳들이 얼마든지 있는데, 굳이 최소 300m의 넓은 폭을 가진 울돌목을 전장으로 택한 이유는 바로 우리나라에서 가장 세다는 울돌목의 물살을 십분 활용하기 위해서였을 겁니다.

그래서 울돌목에 가게 되면 가장 먼저 물살이 얼마나 센지 확인해보고 싶다는 생각을 갖지 않을 수 없습니다. 이러한 이유에서 해남 우수영관광지에는 울돌목 스카이워크라는 시설이 만들어져 있습니다. 막상 가보면 스카이라는 이름이 무색할 정도로 높이가 상당히 낮습니다만 오히려 높지 않기 때문에 물살을 가까이에서 볼 수 있습니다.

가까이에서 울돌목의 물살을 보면 마치 홍수 때 빠르게 흐르는 한강 물살을 보는 듯합니다. 명량 대첩의 진짜 영웅은 당시 노를 저었던 격군(格軍)이었다는 말이 거짓말이 아닙니다. 당시 우리 격군들은 두 시간 넘게 이 엄청난 물살을 노 저으며 버텼습니다. 다른 무엇도 아닌 제자리 지키기부터 사투였던 것이죠.

이 빠른 물살이 무언가 장애물을 만나면 마치 회오리 같은 움직임을 보입니다. 그래서 영화 '명량'의 부제가 '회오리바다'였습니다.

이순신이 지휘하던 조선군은 이 회오리 포인트를 정확하게 읽고 이를 피하여 제자리를 지키며 항전했을 것이고, 왜군은 아무것도 모르고 돌진하다가 이 회오리바다에서 중심을 잃고 허우적댔을 것입니다.

좀더 높은 곳에서 넓게 조망하기 위해서는 울돌목을 가로지르는 명량해상케이블카를 타는 것도 방법입니다. 이 케이블카는 해남과 진도 양방향에서 모두 탈 수 있는데, 가급적 높은 곳에서 내려오면서 보는 진도 방향에서 탑승하는 것이 좋습니다.

명량해상케이블카

울돌목을 사이에 둔 현재 진행형 전투, 해남과 진도

육지에서 울돌목을 건너기 전은 해남이고 울돌목을 건너면 진도입니다. 그래서 두 지자체가 경쟁적으로 이순신을 테마로 한 여행 아이템을 마련하고 있습니다.

해남은 과거 전라 우수영이 설치되어 있던 곳이어서 해남 우수영관광지라는 관광단지가 조성되어 있으며 이곳의 랜드마크는 울돌목 스카이워크와 명량대첩기념관(명량대첩해전사기념전시관)입니다. 이 기념관은 단순한 전시보다 과거 판옥선의 모습을 2개 층으로 재현하여 놓은 것이 특징입니다. 기념관 밖으로 나오면 한산도의 한산대첩기념비에 필적할 만한 명량대첩탑이 우뚝 솟아 있고, 바다 쪽에는 내부 관람이 가능한 거대한 판옥선 모형도 있습니다.

이곳에서 또 하나 눈에 띄는 것은 '고뇌하는 이순신' 동상입니다. 육지가 아닌 울돌목 바다 위에 세워진 이 동상은, 높이는 2m 밖에 안 되지만 명량 대첩 당시 수많은 고뇌에 싸여 있던 이순신의 모습을 정말 잘 표현해 낸 동상으로 평가됩니다.

우수영관광지에서 조금 떨어진 곳에는 명량대첩비(보물 제503호)가 있습니다. 숙종 때인 1688년에 세워진 것인데 일제강점기 때 뽑혀서 경복궁 어딘가에 뒹굴고 있던 것을 광복 후에 원래 있던 자리로 옮겨 세운 것이라고 합니다.

'고뇌하는 이순신' 동상

판옥선 모형 (우수영 관광지)

반면 **진도** 쪽에는 녹진국민관광지가 조성이 되어 있습니다. 여기의 랜드마크는 진도타워와 우리나라에서 가장 크다는 높이 30m의 충무공 이순신 동상입니다. 진도타워에는 명량해상케이블카를 타는 곳이 연계되어 있어 보통 케이블카를 타기 위해 이곳을 들르게 됩니다. 타워에는 명량대첩승전관과 명량MR시네마 그리고 전망대 등이 있습니다.

진도의 이순신 동상은 규모도 크지만 우리나라의 여러 이순신 동상들 중에서 가장 역동적인 모습을 하고 있습니다. 성웅의 영웅적 기백을 멋지게 표현해 낸 동상이라 평가됩니다. 그리고 진도 쪽에도 해남의 스카이워크와 비슷한 울돌목 물살체험장이라는 곳이 있고 해남과 똑같이 판옥선 모형도 있습니다.

진도타워

이순신 동상 (녹진관광단지; 진도군청 제공)

다만 이렇게 두 지자체가 경쟁을 하다 보니 유사한 아이템이 중복으로 설치되는 모양새입니다. 그보다는 전라남도 차원에서 양쪽의 관광 자원을 좀더 효율적으로 조성하는 것이 낫지 않을까 합니다. 일례로 44억 원을 들여 만든 '울돌목 거북배'가 적자 누적으로 운항을 중단한 채 우수영항에 방치되다시피 하고 있는 것이 현재의 문제를 그대로 드러내고 있는 사례입니다.

* 주) 이런 면에서 보면 서울 세종로의 이순신 동상은 졸작 중의 졸작입니다. ▲우선 칼집을 오른손으로 잡고 있는 것은 항복하러 갈 때나 협상하러 갈 때와 같이 싸울 의사가 없다는 표현이라는 점이 가장 논란이고, ▲보물 제326호 쌍수도와 보물 제440호 참도 등 이순신이 썼던 실물 무기가 있음에도 불구하고 그와는 전혀 다른 모양의 칼을 차고 있는 점, ▲갑옷이 발목까지 내려오는 것이 장수의 복장이라 볼 수 없다는 점 등의 논란이 있습니다.

울돌목 거북배 (해남 우수영항)

이순신 동상 (서울 세종로)

명량 대첩 승전일은 음력 9월 16일인데, 그래서 매년 10월경에는 '명량대첩축제'가 열리니 기왕이면 축제 때 맞춰 가면 좋을 것입니다. 그리고 명량 대첩 승리의 중요한 이유인 조류의 변화를 직접 보기 위해서는 방문일 당일의 물때 시간을 확인하여 물흐름이 최대인 시간이나 조류가 바뀌는 시간에 맞춰 가면 더 좋겠습니다.

해남의 남서쪽 끝, 진도의 입구에 있는 울돌목은 거리가 상당한 데다가 교통도 좀 불편하여 가는데 좀 어려움이 있습니다. 특히 대중교통을 이용하기가 쉽지 않은데, 가장 편한 방법은 ▲KTX를 타고 목포역에 가서, ▲목포 시내버스를 통해 목포터미널로 이동한 후, ▲시외버스 편으로 목포터미널에서 진도 녹진시외버스터미널로 가는 방법이 있습니다. 아니면 △광주의 유스퀘어 버스터미널에서 녹진터미널로 가는 시외버스 편을 타면 됩니다. 해남에도 우수영 터미널이 있지만 울돌목과 좀 거리가 있어 불편하고(2.8km), 반면 진도 녹진터미널은 울돌목 바로 앞에 있어 접근성이 좋습니다.

위치

추천 시즌 · 10월 경(명량대첩축제)

연계 여행지 · (해남) 대흥사, 땅끝마을 / (진도) 진도항, 쏠비치 진도

교통

- 서울시청에서 393.4km, 목포역에서 36.5km, 광주송정역에서 100km
- **(목포-녹진터미널)** 시외버스 1일 6회, 편도 56분
- **(광주-녹진T)** 시외버스 1일 6회, 편도 1시간 56분

  *버스 편 문의 : 녹진터미널 / 061-542-4195

먹거리

- (해남) 떡갈비, 닭 코스 요리, 해물탕 (이상 향토음식)
- (진도) 홍주(酒), 듬북국, 간재미회무침 (이상 향토음식)

진도항 (구 팽목항)

쏠비치 진도

제11화 바다와 갯벌 위를 걷다, 인천 '무의도'

우리나라의 독특한 자연 유산, 조차와 갯벌

우리나라 서해는 세계적으로 조수간만의 차(조차)가 큰 바다 중 하나인데, 이중에서도 경기도 서쪽의 경기만(灣) 지역은 우리나라에서도 아산만 다음으로 조차가 가장 큰 지역입니다. 가장 조차가 큰 한사리 때에는 8.5m 가까이 벌어지기도 합니다.

* 한사리(대조) : 밀물과 썰물의 차가 최대가 되는 시기. 음력 2일과 17일.

서울 잠수교를 놓고 보면, 한강 수위가 6.2m가 되면 차량 통행이 전면 통제됩니다. 그런데 바다 높이가 불과 6시간 주기로 8.5m나 올라왔다 내려간다고 생각해 보면 그 차이가 어느 정도인지 실감을 할 수 있습니다. 사실 이 정도면 가만히 해변가에 앉아만 있어도 해수면 높이가 눈에 띄게 달라지고 있음을 체감할 수 있을 정도입니다. 그래서 이웃한 화성 제부도 같은 경우에는 조차에 따라 바닷길이 열렸다 닫혔다 하여 그 통행 시간표가 있기도 하죠.

썰물 때 바닷물이 빠지면 그 곳에 갯벌이 나타납니다. 바닷물이 운반한 모래와 점토가 평평하게 쌓여 있고 그 속에 조개나 낙지, 망둑어 등 많은 생물이 살고 있어 생태적 가치가 높습니다. 지금 소개하는 지역은 아니지만 충남 서천 등의 갯벌이 유네스코 세계자연유산에 등재(2021)되기도 했고, 이웃한 인천 강화 지역의 갯벌은 천연기념물로 지정(제419호)되어 있기도 합니다.

서울에서도 가까운 **인천**에는 이렇게 엄청난 조차와 광활한 갯벌을 가까이에서 바로 조망할 수 있는 편안한 해안산책로가 있습니다. 더불어 바로 앞에는 해수욕장과 해안 조망 등산로까지 같이 있죠. 바로 인천 무의도입니다.

실미도에서 해안탐방로까지... 이제는 인천의 대표 여행지가 된 '무의도'

무의도는 과거에는 접근성이 좋지 않았지만, 인천공항이 개항(2001)하면서 영종도와 용유도까지 연결되고 2019년에 무의대교까지 개통하면서 사실상 연륙도가 되었습니다.

이 섬이 세상에 많이 알려진 것은 채 20년 정도 밖에 되지 않았습니다. 드라마 '천국의 계단(2003)' 및 영화 '실미도(2003)'의 촬영지로 이름을 알리게 됐는데, 특히 한국 영화 최초로 1,000만 관객을 동원했던 영화 '실미도' 덕분에 그 배경이 됐던 '실미도 사건'이 알려지면서 '서울에 이렇게 가까운 곳에 그렇게 고립된 곳이 있나' 하는 관심을 끌게 됐습니다. 실미도는 무의도(대무의도)에 바로 이웃한 무인도로, 썰물 때 무의도와 갯벌로 연결됩니다.

* 실미도 사건(1971) : 실미도에 있던 북파부대원들이 정부의 사살 명령을 이행하려는 병력을 살해하고 탈출하여 반란을 일으킨 사건. 1968년 김신조 사건 이후 당시 중앙정보부에서 북파공작원을 양성하는 특수부대를 실미도에 두고 지옥 훈련을 시켰는데, 1970년대에 이르러 남북 화해 분위기가 조성되자 정부에서 이들의 존재가 세상에 알려지는 것을 두려워하여 부대원들을 모두 사살하라는 명령을 내린 것으로 알려지고 있음.

섬이 알려지면서 가장 먼저 하나개해수욕장이 여행지로 관심을 끌었습니다. '넓은 갯벌'이라는 뜻의 '하나개'라는 이름처럼 썰물 때는 100m가 넘는 광활한 갯벌이 펼쳐집니다. 그래서 해수욕도 해수욕이지만 아이들의 갯벌 체험으로 더 특화된 곳이고 모래 입자가 고와서 발이 편한 것도 장점입니다. 꽤 알려진 해수욕장답게 편의시설도 충분히 갖춰져 있고, 인공적이긴 하지만 바닷가를 바로 옆에 둔 짚라인이나 모래사장 ATV 체험 프로그램도 있습니다.

실미도

하나개해수욕장

2010년대 후반 들어 무의도는 더욱 더 유명세를 타게 되는데 2018년에 해상관광탐방로가 열리고 2019년에 무의대교가 개통하면서부터입니다. 하나개해수욕장 앞부터 약 800m 정도로 설치된 해상관광탐방로는 상당한 높이에서 평평한 교량 형태로 되어 있어 이동이 편합니다. 무엇보다 서해바다의 장관과 시시각각 변하는 조차와 갯벌을 한눈에 조망할 수 있다는 것이 이곳의 매력입니다.

탐방로 끝에는 작은 해수욕장과 같은 곳이 있어서 이곳에서 해수욕 또는 갯벌 체험을 한 뒤에 맨발로 탐방로를 걸어나오는 사람들도 있습니다. 탐방로 왼편에는 기암괴석들도 있는데 그 모양에 따라 사자바위, 두꺼비바위 등의 이름이 붙어 있기도 합니다.

해상탐방로 입구에서 갈라지는 호룡곡산 쪽 산길도 있는데 날이 선선해지면 이쪽으로 등산을 하는 사람들도 꽤 있습니다. 근처에 국사봉 쪽 등산로도 많이 찾는 코스입니다. 아예 대무의도 동남쪽의 소무의도로 가서 좀더 한적한 둘레길(계단)을 걷는 분들도 있습니다. 소무의도는 대무의도와 인도교로 연결되어 있고 차량은 들어갈 수 없습니다.

지난 2022년 7월에는 국립 무의도 자연휴양림도 개장했으며, 현재 무의도 서남부에 복합리조트 개발도 추진되고 있어 앞으로 무의도는 더 핫한 여행지가 될 것으로 예상됩니다.

인천공항 바로 앞... 국제관광지로의 도약도 기대

인천공항 제1터미널에서 하나개해수욕장까지는 약 13.8km, 무의도 입구까지는 9.6km 정도 밖에 안 됩니다. 그래서 무의도는 국제관광지로의 발돋움 가능성도 충분하고 그래서 리조트 개발까지 추진되는 것으로 보입니다.

다만 연륙도이다 보니 문제가 역시 차량 진입과 주차입니다.

무의대교 자체부터 섬 내 대부분의 도로까지 전부 왕복 2차선에 불과해서 주말 피크 때에는 섬 진입 자체부터 어려운 형편입니다. 그래서 대중교통으로 갈 때에는 버스 시간을 장담할 수 없을 정도입니다. 자연휴양림과 리조트 등으로 섬 개발이 더 되면 이러한 정체는 더욱 심화될 것으로 보여 인천시의 대책이 시급해 보입니다.

하나개해수욕장 앞에는 나름 주차 공간이 확보되어 있지만 그래도 방문객 수에 비하면 턱없이 부족하며, 주말에는 주차하기가 쉽지 않아 계속 맴도는 차량도 있을 지경입니다. 실미도 쪽 진입로는 더 열악해서 차 하나 지나갈 정도로 좁은 마을 내 도로를 지나가야 합니다. 그래서 무의도 여행은 가능하면 혼잡한 시간은 피해야 합니다.

공항과 가까운 용유도와 영종도의 여행지들이 연계 가능한데, 용유도의 을왕리해수욕장과 왕산마리나 요트, 영종도의 하늘정원과 씨사이드 레일바이크 등이 가볼만한 곳입니다. 다만 영종도나 용유도도 주차 문제가 심각해서 그 부분은 감안하셔야 할 것 같습니다.

영종도와 내륙은 두 갈래로 연결되어 있는데, 북쪽의 영종대교는 인천 서구 방면으로 연결되며 경인아라뱃길의 입구인 아라빛섬과 국립생물자원관, 청라호수공원 등이 연계 여행지가 됩니다. 남쪽의 인천대교는 인천 송도 방면으로 연결되어 송도 센트럴파크와 송도 컨벤시아, 그리고 '인천 펜타포트 락 페스티벌' 등이 열리는 송도 달빛축제공원 등이 가깝습니다.

위치

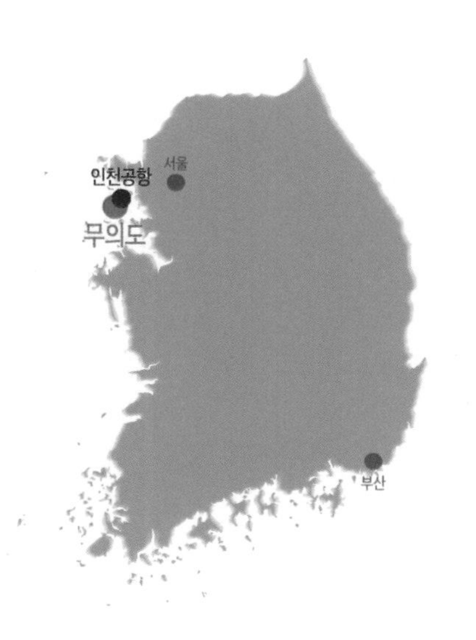

추천 시즌

· 7월 말~8월 초(펜타포트 락 페스티벌)
· 9월 말(인천공항 스카이페스티벌)

연계 여행지

· (무의도) 실미도, 소무의도 둘레길
· (영종·용유) 을왕리해수욕장, 왕산마리나, 영종 레일바이크
· (인천 서구) 아라빛섬, 국립생물자원관, 청라호수공원
· (인천 송도) 송도 센트럴파크, 송도 컨벤시아

교통

· 서울시청에서 71.6km, 인천공항에서 13.8km
· **(서울역-)** 공항철도(서울역→인천공항) 이동 후 버스 환승(아래와 동일). 편도 2시간 내외
· **(인천공항-)** 마을버스(무의1) 이용. 편도 40분
*주말에는 상당 소요

먹거리

· 용유도 내 횟집, 소래포구 어시장, 인천 차이나타운 등

왕산 마리나

송도 센트럴파크

인천 펜타포트 락 페스티벌

제12화 어사또가 걷던 길, 괴산 '연풍새재'와 문경 '조령관'

경사를 듣는 길, 그래서 선비들이 애용한 길 '조령'

영남권에서 수도 한양(서울) 쪽으로 가는 길에 소위 '영남 3관문'이 있습니다. 추풍령(221m), 죽령(689m), 그리고 조령(632m, 고개 기준) 입니다. 말이 고개(嶺)지 높은 산을 넘어야 하는 고된 길입니다. 과거에는 이 길을 걸어서 넘었겠죠.

재미있는 것은 시대 별로 선호하는 길이 달랐다는 점입니다. 죽령은 삼국시대 고구려와 신라를 잇는 직통로였습니다. 고구려 온달 장군이 '죽령 이서 지역을 회복하기 전까지는 돌아오지 않겠다'라고

했을 만큼 굉장히 중요했던 요충지였습니다. 추풍령은 세 고개 중 가장 우회하는 길이어서 과거에는 많이 이용하지 않았으나, 현대에는 경부고속도로가 지나면서 가장 많이 교통하는 길이 되었습니다.

조령은 조선시대에 가장 많이 이용했던 길이었습니다. 선비가 많았던 영남에서 한양으로 과거를 보러 갈 때 가장 애용되었다고 하죠. 죽령은 '죽죽 떨어진다', '죽 미끄러진다'라고 하여, 추풍령은 '추풍낙엽처럼 떨어진다'라고 하여 회피했다는 설화도 전해 내려옵니다. 반면 경북 문경을 지나는 조령길은 '경사를 듣는다(聞慶)'는 이름 때문에 꽤 험한 길임에도 불구하고 선비들이 선호했다고 합니다.

이런 이유로 경북 문경에서 조령을 넘어 충북 괴산으로 떨어지는 문경새재-연풍새재길은 '어사또가 걷던 길'이라는 별칭을 얻었습니다.

반대로 가면 더 멋진 길이 나온다

문경에서 시작해서 조령을 넘는 문경새재길은 예전부터 유명해서 많은 사람들이 대부분 가본 경험들이 있습니다. 제1관문인 '주흘관'부터 시작해서 제2관문 '조곡관'을 지나 마지막 제3관문 '조령관'까지 걷는 길은 6.2km에 달합니다. 그래서 과거 학창시절에는 극기 훈련의 단골 코스였죠. 1관문 입구의 문경새재 관리사무소부터 3관문을 지나 괴산 쪽 조령산 관리사무소까지로 보면 8.5km나 됩니다.

사람들이 많이 찾다 보니 1관문 쪽으로는 개발도 많이 되어 있고 편의 시설도 많습니다. 입구에는 '태조 왕건', '대조영', '광개토태왕', '대왕의 꿈' 등 유명 사극들의 촬영지였던 문경새재 오픈세트장도 있는데, 서울 광화문과 경복궁의 모습도 그대로 재현해 놓고 있습니다.

반면 반대로 3관문 쪽에서 1관문 쪽으로 가는 길은 생각보다 사람들이 많이 찾지 않는 것 같습니다. 이쪽 방면으로 가면 3관문 가기 전까지는 경북 문경이 아니라 충북 **괴산** 연풍면인데, 그래서 충북에서는 여기를 **연풍새재**라 부릅니다. 이 길 역시 완만한 경사에 포장까지 되어 있어 유모차를 끌고 갈 수 있을 정도이며 오히려 한적하고 자연도 더 예쁜 느낌을 받습니다. 특히 늦가을 경에는 단풍과 낙엽으로 훨씬 더 운치 있는 길이 됩니다.

생각해 보면 문경 쪽에서 가는 길은 과거시험을 '보러' 가는 길이고, 이쪽 괴산 쪽에서 가는 길은 과거시험 본 뒤에 '돌아가는' 길입니다. 상당수는 과거에 낙방한 뒤 '이 길을 언제 또 다시 오나' 하며 힘들게 넘던 길이었겠지만, 누군가는 과거에 급제하고 개선 장군처럼 당당하게 넘던 길이었을 것입니다. 진짜로 어사또가 걸던 길은 이쪽 방향이었던 것이지요.

연풍새재 쪽으로 올라가면 더 좋은 것이, 짧은 시간에 최종 목적지인 3관문에 닿을 수 있습니다. 약 1.5km, 시간으로 30분 정도만 오르면 3관문 휴게소에 도착해서 파전에 막걸리를 먹는 게 가능합니다. 좀 부족하다 싶으면 2관문까지 3km 정도를 더 다녀와도 좋은 방법입니다.

조령관 (영남 제3관문)

제3관문 휴게소

진짜 새재길을 걷고 싶으면 연풍 방면으로

산길로 8km가 넘다 보니 시작을 괴산으로 하느냐 문경으로 하느냐에 따라 여행 방식이 많이 달라집니다. 문경 쪽으로는 기존에 유입이 많아 개발이 잘 되어 있는데, 그래서 별다방이 있을 정도로 편의시설도 많고 드라마 오픈세트장만 해도 한참 사진을 찍고 돌아다닐 정도입니다. 입구에 생태미로공원과 생태박물관도 있죠.

그러다 보니 문제인 게 상당수가 제1관 주흘관 근처만 보고 다시 돌아옵니다. 주흘관을 넘자마자 나오는 오픈세트장을 그냥 지나치고 산길을 오르는 것은 쉬운 선택이 아니거든요. 그런데 이미 입구 주차장부터 오픈세트장까지만 최소 편도 1.5km를 걸어온 상황에서 세트장까지 다 돌고 나면 이미 체력 고갈이 되는 것입니다. 그 상태로 제2관까지 편도 3km 길을 들어서기가 만만치가 않은 것이죠. 그래서 이쪽을 선택하면 오히려 새재길을 걷기가 어려워집니다.

반면 연풍새재 쪽은 주변에서 유혹(?)하는 게 없어서 주차장에서 3관문까지 직진하게 됩니다. 입구에 고사리 주차장부터 걷더라도 편도 2.5km여서 3관문까지는 충분히 다녀올 수 있습니다. 이쪽에는 근처에 온천으로 유명한 충주 수안보가 있는데, 그래서 수안보를 베이스캠프로 하면 산길을 다녀온 뒤에 온천에서 휴식을 취하는 형태도 가능해집니다. 만약 수도권에서 출발했다고 하면 돌아가는 길에 충주 시내와 충주호 방면도 들러 볼 수 있습니다.

다만 이쪽에는 편의시설 등이 부족해서 괴산에서 이런 부분을 강화했으면 좋겠습니다. 명색이 과거시험 길인데 이와 관련된 체험 프로그램이나 그런 게 하나도 없는 것은 좀 아쉬운 부분입니다.

위치

추천 시즌 · 10월 중·하순(단풍)

연계 여행지 · (연풍) 수안보 온천, 충주호 유람선, 충주 중앙탑공원
· (문경) 오픈세트장, 문경 에코랄라, 문경 단산모노레일

교통

· [연풍] 서울시청에서 159.8km, 수안보에서 6.9km

· **(서울-수안보정류장)** 동서울터미널에서 고속버스 편. 1일 6회, 편도 2시간 40분

*충주에서 시외버스 1일 5회, 편도 30분

*버스 편 문의 : 충주터미널 / 043-845-0001

· **(수안보-연풍 고사리)** 시내버스 1일 2회, 편도 20분

*버스 편 문의 : 아성교통(괴산) / 043-834-3351

· [문경] 서울시청에서 172.6km, 점촌에서 25.9km

· **(서울-문경정류장)** 동서울터미널에서 고속버스 편. 1일 11회, 편도 2시간

*충주에서 시외버스 1일 3회, 구미 3회, 경주·포항 2회

*영남권은 점촌터미널 이용 : 동대구 20회, 부산 6회 등

· **(문경-관문)** 시내버스 1일 16회(점촌 12회), 편도 15분

*버스 편 문의 : 문경여객 / 054-553-2230

먹거리

· (연풍) 꿩요리(수안보 향토 음식)

· (문경) 족살찌개(향토 음식)

충주호 유람선

충주 중앙탑공원

주흘관 (영남 제1관문)

문경새재 오픈세트장 (서울 광화문 재현)

제13화 폐광산의 대변신, 정선 '화암동굴'과 태백 '통리탄탄파크'

모두가 기피하던 폐광이 최고의 핫플레이스로 거듭나다

지하자원을 채취하는 광업은 굉장히 힘든 노동 강도와 고위험을 동반하여 과거에도 많은 사람들이 기피하였습니다. 우리나라 경제가 낙후됐던 시절에도 탄광촌에는 경제적·사회적으로 가장 어려움을 겪는 분들이 어쩔 수 없이 정착한 경우가 많았다고 하죠.

강원도 남부의 영월-정선-태백에는 과거 광산이 많았습니다. 고된 노동과 상존하는 위험, 그리고 열악한 환경 속에 살아갔던 밑바닥 서민들의 애환이 서린 곳이 바로 이 지역이죠. 하지만 해외 교류가 늘어나고 우리 경제규모가 커지면서 광업은 점차 채산성을 잃었고, 석유 등이 석탄을 대체하면서 정부에서 아예 폐광을 추진했으며(석탄 산업 합리화 정책), 최근에는 3D 업종 기피 현상이 강화되고 환경적 관심까지 커지면서 이들 광산 지역은 아예 성장 동력을 잃어버렸습니다.

* 석탄 산업 합리화 정책(1989) : 석유 등이 석탄을 대체하여 경제성을 잃어버린 비경제 탄광을 폐광하거나 감산하고 경제성이 높은 탄광을 집중 육성하고자 정부가 실시한 정책.

이런 이유로 「폐광지역 개발 지원에 관한 특별법」이 1996년부터 실시됐고 우리나라 유일의 합법적 카지노가 정선에 생기기도 하는 등 폐광 지역을 지원하기 위한 여러 노력이 있어 왔습니다. 특히 최근에는 폐광 그 자체를 관광자원으로 만들기 위한 의미 있는 시도들이 있었는데, 가장 눈에 띄는 것이 **정선**의 화암동굴과 **태백**의 통리탄탄파크입니다.

화암동굴 (1) - 폐광에 꾸며놓은 하나의 '박물관'

과거 여기는 정선군 화암면에 있던 '천포광산'이라는 금 광산이었습니다. 일제가 국내의 금을 마구잡이로 수탈할 때 발견됐던 곳으로 한때는 국내 5위의 금광이었다고 합니다. 당시 이곳에서의 채광 활동 등을 재현하고 사진 등을 전시하고 있으며, 금 채굴의 방법과 우리나라 금 광산의 분포 등 금에 대한 내용도 전시하고 있습니다. 일부 구간에서는 실제 금맥의 모습을 볼 수 있기도 합니다.

전체 관람 구간 길이 1.8km 중 대부분의 구간은 블록 포장까지 되어 있는 평평한 길입니다. 전체 5개 구간 중 3개 구간이 평이한 도로를 따라 마치 박물관을 관람하듯 볼 수 있습니다. 주차장부터 동굴 입구까지는 모노레일을 타고 이동하는데, 이것도 아이들에게는 상당한 재밋거리이기도 합니다.

화암동굴 (2) - 동굴 속 동화의 나라, 그리고 천연기념물 자연 동굴까지

보통 동굴 하면 어두컴컴하고 종유석이 자라고 박쥐가 날아다니고 그럴 것 같지만 화암동굴은 전혀 그 예상을 벗어납니다. 동굴 안에 갑자기 오색찬란한 동화의 나라가 펼쳐집니다. 화암동굴의 '찐' 재미는 오히려 이쪽에 있습니다.

가장 먼저 도깨비 동굴을 만나게 되는데, '금 나와라 뚝딱'하는 게 아니라 '도깨비도 채광을 한다'는 콘셉트로 광부 도깨비들을 만들어 놓은 게 재치가 넘칩니다. 그다음에는 갑자기 넓은 곳이 나타나면서 동굴 벽면에 영상으로 꽃밭이 펼쳐지고 고래가 유영합니다. 그리고 그곳을 지나면 어릴 적 보았던 유명 동화들의 이야기를 조형물로 만든 포토존이 이어집니다. 이 구간들을 지나다 보면 잠시 여기가 폐광이었다는 사실을 까맣게 잊어버리게 됩니다.

과거 천포광산 구간을 지나면 천연기념물 제557호로도 지정된 천연 석회동굴이 바로 연결되어 있는데, 마치 광장처럼 넓게 펼쳐져 있으며 다양한 색 조명으로 그 신비감을 더합니다. 비록 구간은 짧고 평이하지만 그래도 고씨동굴과 같은 유명 동굴들에 버금가는 동굴 탐험의 재미를 느낄 수 있습니다.

대부분의 관람 구간이 평이한 포장길이고, 다른 동굴들에서처럼 고개를 크게 숙이거나 거의 기어가다시피 하는 구간은 하나도 없어서 큰 어려움이 없습니다. 다만 관람 구간 중간에 급경사의 철제 계단 365개를 지나는 코스가 있고 관람 구간도 2km에 가까울

정도로 길어서 노약자들에게는 좀 부담스러운 코스일 수 있습니다.

동굴에서 하이원리조트 방향으로 가는 중간에는 민둥산(1,119m)이 있는데, 이곳은 해마다 가을이면 탁 트인 산 능선에 널리 퍼진 억새의 장관으로 유명합니다. 백운산(1,426m) 아래로 펼쳐진 하이원 스키장은 우리나라에서 손꼽히는 스키어들의 성지입니다.

하이원 리조트

하이원 우주영상관 (하이원 리조트 내)

정선 아라리촌

정선 타임캡슐공원 (영화 '엽기적인 그녀')

통리탄탄파크 (1) - 드라마 '태양의 후예' 촬영지

태백의 핫플레이스 통리탄탄파크는 원래 '한보탄광'이라는 석탄 광산이었습니다. 과거 한보그룹이 개발했던 탄광이었는데 불과 10여 년 전인 2008년에 문을 닫았습니다. 그 후에 화려한 캐스팅의 블록버스터 드라마였던 '태양의 후예(2016)' 촬영지로 쓰였고, 이를 계기로 여행객들이 꾸준히 찾아오자 최근 120억 원의 엄청난 예산을 투입하여 지금의 통리탄탄파크가 되었습니다.

입구에 들어서면 바로 눈에 띄는 것이 퇴역한 헬기와 탱크입니다. 특히 헬기는 내부에까지 들어갈 수 있도록 개방되어 있어서 거의 대부분의 사람들이 조종석까지 들어가서 사진을 찍고 나옵니다. 옆에 있는 속칭 '두돈 반' 군용 트럭도 군대 다녀오신 분들은 옛 생각을 떠오르게 만드는 전시물입니다.

그 외 드라마에서 의료봉사단이 머물던 메디큐브가 그대로 전시되어 있고, 드라마 속 군 막사도 내부를 들어가 볼 수 있게 해 놓았습니다. 매점에는 특이하게도 건빵과 전투식량도 팔고 있습니다.

통리탄탄파크 (2) - 어둠 속에 펼쳐진 빛의 축제

세트장 옆에 보면 '기억을 품은 길'이라는 터널 출입구가 나옵니다. 안에 들어가 보면 조명도 거의 없는 칠흑과 같은 어둠이 나오는데, 여기에서 발길을 돌리는 분들이 좀 있는 것 같지만 그건 참 손해 볼 노릇입니다. 통리탄탄파크의 '찐' 재미는 여기입니다.

거대한 암막 커튼으로 가려진 곳을 헤치고 들어가면 각각의 테마에 따라 여러 조명들이 나타납니다. 중간에 암흑(!) 구간이 좀 있어서 겁이 날 수 있는데, 막다른 길이 아니니 휴대폰 조명을 켜고 어둠을 뚫고 앞으로 가면 됩니다. 다만 좀 지나치게 어두운 구간들이 있어서 이 부분은 태백시에서 좀 신경을 쓸 필요가 있어 보입니다.

'기억을 품은 길'

'천산고도'

'빛을 찾는 길'

'기억을 품은 길'을 지나면 '천산고도(天山高道)'라는 이름이 붙은 야외로 빠져나오는데, 이름 그대로 상당한 높이에서 태백의 전망이 펼쳐집니다. 그리고 다시 '빛을 찾는 길'이라는 또 다른 터널이 나오며, 이쪽 터널에서 훨씬 더 휘황찬란한 조명들이 펼쳐집니다. 이 전체 풀코스는 족히 2km 이상 되므로 거리나 시간이 부담스럽다면 거꾸로 '빛을 찾는 길'로 들어갔다가 되돌아 나오면 됩니다.

태백시는 평균 고도가 902.2m나 돼서 여름에 우리나라에서 가장 시원한 곳입니다. 태백 입구의 두문동재 터널만 지나도 자동차로 1,000m 고지에 오릅니다. 그래서 이웃한 삼척의 해변과 연계해서 여름에 피서로 가도 좋습니다. 반면 겨울에는 태백에서 유명한 '태백산 눈 축제'가 열리는데, 추위를 견딜 수 있다면 겨울에 찾아가시는 것도 방법이며 이때의 탄탄파크의 터널은 피한(避寒)이 됩니다.

365 세이프타운 (안전체험관)

태백 구문소

태백 매봉산 바람의언덕

태백 물닭갈비

위치

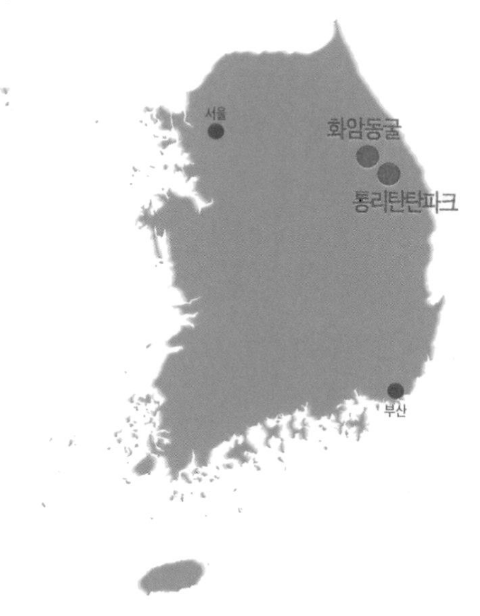

추천 시즌

· (화암) 9월 말~11월 초(민둥산 억새) / 겨울 스키 시즌
· (통리) 여름 피서 시즌 / 1월~2월 초(태백산 눈 축제)

연계 여행지

· (화암) 하이원 스키장, 하이원 우주영상관, 정선 아라리촌, 아우라지역 레일바이크, 타임캡슐공원
· (통리) 365세이프타운, 매봉산 바람의 언덕, 구문소, 용연동굴, 몽토랑산양목장

· [화암] 서울시청에서 229.1km, 정선터미널에서 17.9km

· **(서울-정선터미널)** 동서울터미널에서 고속버스 편. 1일 5회, 편도 2시간 30분
  *강릉에서 시외버스 1일 5회, 원주에서 4회
  *부산 등은 정선 고한사북터미널 경유 가능
  *버스 편 문의 : 정선터미널 / 033-560-4150

· **(정선T-화암)** 시내버스 편. 1일 10회, 편도 30분
  *버스 편 문의 : 정선군 고객센터 / 080-850-9486

· [통리] 서울시청에서 243.8km, 태백터미널에서 6.9km

· **(서울-태백터미널)** 동서울터미널에서 고속버스 편. 1일 20회 이상 운행, 편도 3시간
  *대구 북부에서 시외버스 1일 9회, 부산 3회, 원주 7회
  *버스 편 문의 : 태백터미널 / 1588-0585

· **(태백T-통리)** 시내버스 편. 수시 운행, 편도 20분
  *버스 편 문의 : 태백터미널 / 1588-0585

먹거리

· (정선) 메밀콧등치기 국수, 곤드레밥(이상 향토 음식)
· (태백) 물닭갈비, 막국수

제14화 근현대로의 시간 여행, '서울역사박물관'

서울 사람은 부산 바다를 그리워하지만, 부산 사람은 서울을 보고 싶어 한다

다른 곳은 보통 'OO 여행' 이라고 많이 부르지만 서울은 '서울 여행' 이라는 말 외에 '서울 구경'이라는 말이 존재합니다. 故 서영춘 선생의 '서울 구경'이라는 노래 때문이기도 한데, 어쨌거나 여행이 (다른 곳으로의) 이동 자체가 포인트라면 '구경'은 그것보다는 흥미와 관심이 포인트입니다.

과거에는 평생 서울 구경 한 번도 못한 사람이 부지기수였겠습니다만 교통이 발달한 지금은 서울을 못 가본 사람이 더 희귀합니다.

또 서울보다 더 잘 지어진 아파트나 서울 못지않게 번화한 거리가 전국에 충분히 있을 터입니다. 그럼에도 불구하고 아직까지 '서울 구경'이라는 말이 있는 까닭은 사람과 물자·자본 등 전국의 모든 인프라와 아이템 등이 집중된 곳에 대한 흥미 때문일 것입니다.

이런 서울의 대표 여행지는 어디가 있을까요? 600년 조선 왕조의 중심지인 경복궁과 창덕·창경궁, 우리나라의 대표 유물들이 다 모여 있는 국립중앙박물관 같은 역사 유적이 있고, 전 세계적으로 드물게 수도를 가로지르는 큰 강물인 한강 주변, 전국 최고 수준의 공원인 올림픽공원이나 서울 숲, 기타 내외국인을 가리지 않고 핫플레이스로 인지되는 홍대·연남동이나 전통적인 외국인 방문지인 명동, 여러 백화점 본점, 놀이공원 등도 있겠습니다.

그런데 사실 수도권 거주인들에게는 별로 흥미로운 공간은 아닌 듯합니다. 너무 많이 가봐서일까요? 그냥 일상이라는 느낌이 드는 게 사실입니다. 문제는 이렇게 별 느낌 없는 사람들이 우리나라 인구의 절반이 넘는다는 것이죠. 외국인들에게 우리나라의 대표 여행지라고 소개할 수는 있어도 내국인들에게는 그다지 매력 있는 여행지로 보이지는 않습니다.

그래서 서울 안에서 외국인들에게도 흥미로우면서 수도권 거주인을 포함한 내국인들에게도 흥미로운 곳이 어디 있을까 찾아보다가 하나 떠오른 공간이 바로 서울역사박물관입니다.

서울의 역사가 대한민국의 역사

세계사적으로 중세(中世)는 서로마 제국 멸망(476)부터 동로마 제국 멸망(1453)까지의 시기를 가리킨다고 합니다. 르네상스가 완성되면서 근대로 넘어오게 되는 흐름이라는 것이 일반적인 설인데, 우리가 고전 중의 고전이라 부르는 '바로크(Baroque)'도 르네상스 이후인 근대의 일이 됩니다.

그런데 서울은 1392년 조선 왕조 건국 이래 600년 넘게 수도의 지위를 유지하고 있습니다. 따지고 보면 근대와 현대를 통째로 아우르는 기간 동안 우리나라의 중심이었던 것이죠. 서울의 역사가 바로 근대 이후의 우리나라 역사 그 자체인 것이고, 따라서 서울역사박물관은 우리나라 근·현대 역사의 엑기스를 모아놓은 곳이라 할 수 있겠습니다. 서울의 역사는 근·현대사의 대표격이 되는 셈이죠.

현대사로 오면 그러한 대표성이 더 강해지는데, 일례로 1988년 서울올림픽 관련 전시물을 들 수 있습니다. 서울올림픽은 국내는 물론 세계사적으로도 굉장한 의미를 갖는 올림픽으로, 동서 냉전을 사실상 끝내고 양 진영이 모두 참가한 평화의 장이었으며 냉전 종식 공식 선언(1989)과 동·서독 통일(1990)의 발판이 되었습니다. 또 불과 30년 전에 세계 최빈국이었던 소위 개발도상국에서 열린 최초의 올림픽으로, 당시 여러 중·후진국들과 특히 동유럽 국가들에게 성장에 대한 큰 동기를 부여한 올림픽으로 평가됩니다. 국내사적으로도 서울올림픽을 기점으로 대한민국이 중진국을 넘어 선진국의 길로 들어섰고, 북한과의 체제 대결에서도 완전히 승리한 것으로 평가받습니다.

* 몰타 회담(1989) : 미국 조지 부시 대통령과 당시 소련 미하일 고르바초프 서기장과의 회담으로 공식적으로 냉전을 종식시킨 회담으로 평가받음.

그 외 남서울(강남) 개발 계획(1970), 서울지하철 개통(1974), 여의도 국회의사당 준공(1975) 등 서울을 넘어 대한민국 현대사 전체에 지대한 영향을 미친 사건들이 전시관 여기저기를 채우고 있습니다.

'이게 아빠가 어렸을 때 썼던 물건이야'

석기시대의 빗살무늬토기나 삼국시대의 반가사유상, 고려시대의 청자나 조선시대의 대동여지도 이런 유물들을 보면 '아, 이렇게 생겼구나'하고 한번 보고 지나가는 게 보통입니다. 반면 일제강점기 이후 특히 현대의 전시물들을 보면 지금 우리의 삶에 대입이 되고 때로는 과거의 기억이 되살아나기도 합니다.

예컨대 아래 '1971년도 남서울 약도'를 보면, 지금 서울에서도 중심지인 잠실이 당시에는 섬(잠실도)과 백사장 지역이었다는 것, 잠실대교가 과거 '제7한강교'로 불렸다는 것을 알 수 있습니다. 어르신들 중에는 이 약도나 과거 잠실 지역 사진을 보면서 '맞아, 이 근처가 다 허허벌판이었어'라면서 한참 이야기꽃을 피우는 분들도 있습니다.

또 전시된 다이얼식 전화기나 세탁기·선풍기는 중년 이상의 세대에서는 직접 썼던 물건이고, 초기 컴퓨터는 3040세대들도 어렸을 때 직접 만져봤던 물건입니다. '이게 아빠가 썼던 물건이야'라는 얘기를 들으면 유소년 세대들도 굉장히 흥미롭게 느껴질 것 같습니다.

1978년부터 입주하여 2014년까지 있었던 서초삼호아파트 내부(111㎡)를 그대로 재현해 놓은 공간도 있습니다. 지금은 '서초 푸르지오'가 됐지만 바로 우리 엄빠 세대 때 중상류층이 어떻게 살았는지 직접 눈으로 보는 것도 참 재미있는 경험일 것입니다.

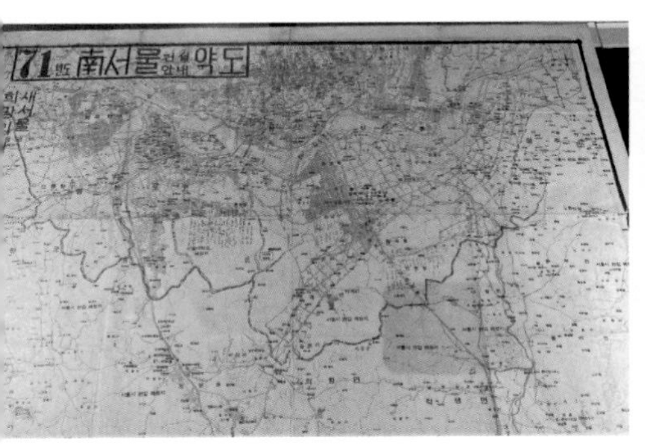

공간 증축으로 더 많은 전시물이 있었으면

다만, 서울역사박물관에는 훨씬 더 다양한 전시가 가능하고 필요해 보입니다. 서울은 단순히 600년 도시가 아니라 과거 한성백제(BC 18~475) 시절부터 도읍지였고 고려시대에도 3경 중 하나(남경)였는데, 조선시대 이전에 대한 전시가 없는 것은 좀 아쉬운 부분입니다.

* 고려의 3경(京) : 수도인 개경(개성) 외에 설치된 서경(평양), 동경(경주), 남경(서울)의 3개의 별경(別京)을 말함.

또한 근·현대사에서도 영광만이 아니라 그늘을 조망해 볼 필요가 있어 보입니다. 중상류층의 아파트 모형을 보여주는 것도 좋지만 과거 고속 성장 시대에 서울 곳곳에 있었던 판자촌 모형이 더 필요한 게 아닌가 싶고, 서울올림픽 같은 영광도 좋지만 와우아파트나 삼풍백화점, 성수대교 붕괴 사고 등도 우리 현대사에 중요한 사건이었는데 이런 부분에 대한 전시가 없는 것은 아쉽습니다.

그리고 근·현대 유물 중에는 일반인이 보유한 물건이 훨씬 더 많을 것인데 이 부분에 대한 전시 공간 확장도 필요해 보입니다. 박물관 안에 기증유물전시관도 있는데, 기존의 세탁기·컴퓨터·선풍기 외에도 다양한 것들을 기증받아 전시한다면 어떨까 싶습니다.

이 모든 것들을 위해서는 공간 증축부터 해야 할 것으로 보입니다. 현재의 2층 규모의 전시관으로는 어림도 없습니다. 상설 전시가 사실상 1개 층일 정도로 전시 공간이 턱없이 부족한 상태로, 수직 증축을 통한 공간 확장도 고려해 봐야 할 것 같습니다.

박물관 위치는 서울 한복판으로 접근성이 좋은 편이며 바로 옆에 경희궁이 있습니다. 경희궁은 다른 궁에 비해 규모가 작지만 대신 방문객이 적어 훨씬 한적하다는 장점이 있습니다. 근처에 경복궁이나 경운궁(a.k.a. 덕수궁)도 있으므로 그쪽으로 가도 됩니다.

* 경희궁 : 광해군 때 지은 조선의 이궁(離宮 ≒행궁)으로 서쪽의 궁궐이라 해서 '서궐'이라고도 하였음. 서울의 이궁은 창덕궁·창경궁·경희궁·경운궁이 있음.

위치

추천 시즌

· 10월 초(궁중문화축전)

연계 여행지

· 경희궁, 경복궁, 경운궁, 서대문형무소 역사관, 북촌 한옥마을, 세종문화회관

교통

· 서울역에서 2.6km, 동서울터미널에서 16.5km, 인천공항에서 59.6km

· **(서울역-)** 지하철 1호선(종각역) 이동 후 시내버스 편.

· **(동서울T-)** 지하철 2호선(을지로4가역) 이동 후 5호선으로 환승(광화문역)

· **(인천공항-)** 공항버스 직통 편 이용. 편도 90분 / 공항철도(공덕역) 이동 후 5호선으로 환승(광화문역)

먹거리

· 세종마을 음식문화거리, 무교동·다동 음식문화의거리 등

흥화문 (경희궁의 정문)

숭정전 (경희궁의 정전(正殿))

숭정전에서 내려다본 서울

제15화 산책하듯 올라 보는 국내 제일의 설경, 무주 '덕유산'

얼마나 높은 곳까지 가보셨습니까

주위에 산을 즐기는 분들도 꽤 많습니다만, 반대로 여러 이유로 산에 거의 가지 않는 분들도 적지 않습니다. 아마 이런 분들은 해발 1,000m 고지를 밟은 경험도 거의 없을 수 있습니다. 해외에 있는 고지에 가거나, 아니면 용평 리조트(발왕산)나 하이원 리조트(백운산) 같이 규모가 큰 스키장의 정상까지 가는 경우, 아니면 지리산 성삼재(1,102m) 같이 차로 갈 수 있는 극히 드문 곳 외에는 말이지요.

그런데 다녀보신 분들은 알겠지만 해발 1,000m 이상 고지에 가면 지상과는 완전히 다른 세계가 펼쳐집니다. 1,500m 전후의 아고산대에만 가도 종류부터 완전히 다른 생물들을 보게 되고, 이른바 교목한계(또는 수목한계)라 하여 2,000m 근방의 고지에 가면 수목이 아예 없는 고상 초원이 펼쳐집니다. 마치 다른 나라에 온 것처럼 말이죠.

* 교목한계 : 키가 8m 이상으로 자라는 나무인 교목(tree)이 자랄 수 없는 한계선을 말함. 가장 따뜻한 달의 평균기온이 10℃ 이하인 경우 수목이 자랄 수 없으며 이는 한대기후의 조건과 같다. 교목한계를 경계로 하여 고산대와 아고산대가 구분되며, 온대지방의 경우 교목한계는 약 해발 2,000~2,500m임.

그런데 곤돌라만 타고 올라도 1,500m 고지를 바로 밟을 수 있고 거기에서 완만한 길로 6, 700여 m, 시간으로는 20분 정도만 걸으면 우리나라에서 4번째로 높은 산의 정상(1,614m)에 갈 수 있는 곳이 있습니다. 더구나 그곳은 우리나라 설경의 으뜸으로 불리는 곳이죠.

바로 덕유산입니다.

정상까지 가야 제대로 된 덕유산을 만난다

전술한 대로 **무주** 덕유산 리조트 안에 있는 곤돌라를 타고 20분 정도 '앉아' 있으면 덕유산 설천봉(1,525m)에 오를 수 있습니다. 선로 길이만 2.66km 나 된다고 하네요.

설천봉 위에는 식당도 있는데 안에서 간단한 식사·분식과 음료, 심지어는 술까지 팝니다. 그래서 겨울에는 식당 안팎을 오가며 추위를 피하면서 눈 구경을 하기도 합니다. 적지 않은 분들이 덕유산 정상(향적봉, 1,614m)까지 가지 않고 설천봉만 올랐다가 내려오기도 하는데, 설천봉 자체도 상당한 고지여서 그곳에서도 충분히 눈 내린 겨울왕국과 설경을 볼 수 있습니다.

하지만 여기서 멈추면 사실 웬만한 스키장 곤돌라 타는 것과 다를 바가 없죠. 최소 정상까지는 가야 합니다. 정상까지 올라가며 좌우로 펼쳐진 광경을 놓치면 너무나 아깝습니다. 전술했듯이 높이 1,500m 이상의 아고산대의 풍경은 지표면과는 완전히 다르거든요. 구름이 발밑에서 노는 것은 물론 주변에 자라는 식물들부터 다릅니다. 걸리는 것 없이 쭉쭉 펼쳐진 광활한 전망은 말할 것도 없습니다.

정상까지 가는 길은 6, 700m 정도에 불과한데다가 목재 데크까지 포함해서 거의 산책로 수준으로 정비가 되어 있습니다. 산 좋아하는 분들은 등산 같지도 않다고 할 정도로 경사도 완만하고 평이하므로 꼭 정상까지는 갔다 오는 게 좋겠습니다.

만약 등산에 조금 자신 있다면 정상을 지나 중봉(제이덕유산, 1,594m)까지 약 1km 정도를 더 다녀오시면 더 좋습니다. 주봉부터 중봉까지 높이 차이가 거의 없어서 완만한 경사인데다가, 주목·철쭉 나무 군락지가 펼쳐져 있어 덕유산 설경 중에서도 단연 하이라이트라고 합니다.

워낙 덕유산의 설경이 대한민국 제일이라고 유명하긴 합니다만, 5월 말경에 철쭉이 만개했을 때의 덕유산도 상당히 좋습니다. 오히려 날씨가 온화하여 여행하기에는 더 좋은 시즌입니다.

충분한 입산 준비와 사전 점검은 필수

상당한 고지대이기에 충분한 입산 준비와 사전 점검이 반드시 필요합니다. 만약 설경을 보러 간다면 칼바람과 추위에 버틸 중무장을 충분히 해야 합니다. 향적봉 정상까지의 길은 날씨만 좋으면 굳이 필요 없다고는 하나 좀 더 안전한 산행을 위해서 겨울에는 아이젠·스패치 등의 장비도 준비할 필요가 있습니다. 만약 중봉까지 간다고 하면 이 장비는 필수입니다.

그리고 평소에도 기상 상황이 수시로 변하는지라 현지의 상황을 미리 점검해야 합니다. 무엇보다 기상 상황이나 정기 점검 등으로 곤돌라 자체가 운행을 안 한다면 모든 것이 불가능해지니 가장 먼저 체크할 필요가 있고, 설천봉 위의 기상 상황은 또 다를 수 있으니 '국립공원 실시간 영상 보기'나 덕유산 리조트의 '덕유산실시간보기'를 미리 보고 확인하는 게 좋겠습니다.

또한 3~4월은 보통 산불방지기간으로 향적봉 정상부터 중봉까지의 길은 입산 통제로 갈 수가 없으니 이 점도 감안해야 합니다. 비수기 시즌에는 자연훼손 방지를 위해 수시로 탐방로를 통제하거나 예약제로 운영하기도 하니 이 역시 사전 체크가 필요합니다.

위치

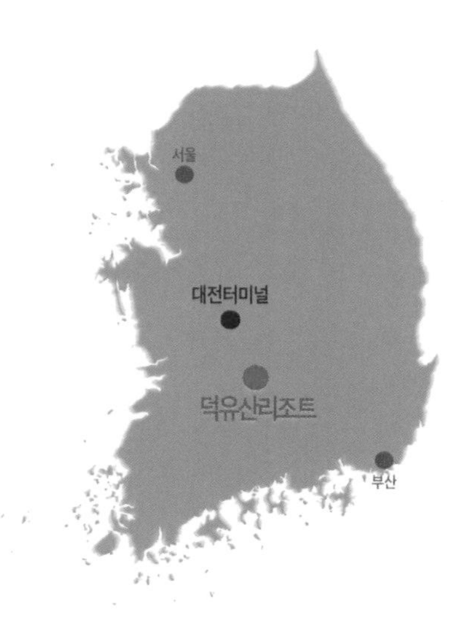

추천 시즌	· 12월~2월(설경) / 5월 말(철쭉)
연계 여행지	· 무주구천동 33경 및 드라이브 코스, 무주 반디랜드
교통	· 서울시청에서 235km, 대전역에서 74km · **(서울-무주터미널)** 남부터미널에서 시외버스 편. 1일 4회, 편도 2시간 30분. *대전에서 시외버스 1일 18회, 전주·광주 각 5회 *버스 편 문의 : 무주터미널 / 063-322-2245 · **(무주T-덕유산리조트)** 리조트 셔틀버스 편. 1일 4회, 편도 55분 *버스 편 문의 : 덕유산리조트 / 063-320-7113 직행버스 편(구천동 행). 1일 8회, 편도 45분 *버스 편 문의 : 무주터미널 / 063-322-2245
먹거리	· 표고버섯 국밥, 어죽, 도리뱅뱅이 (이상 향토 음식)

덕유산 설경